绿色生态农业新技术丛书

浙江省农业科学院
老科技工作者协会组编

# 杨梅栽培实用技术

YANGMEI ZAIPEI
SHIYONG JISHU

梁森苗　编著

U0395212

中国农业出版社

北　京

**图书在版编目（CIP）数据**

杨梅栽培实用技术／浙江省农业科学院老科技工作者协会组编；梁森苗编著 . —北京：中国农业出版社，2019. 1（2021. 4 重印）

（绿色生态农业新技术丛书）

ISBN 978－7－109－24553－2

Ⅰ.①杨… Ⅱ.①浙… ②梁… Ⅲ.①杨梅－果树园艺 Ⅳ.①S667.6

中国版本图书馆 CIP 数据核字（2018）第 202413 号

中国农业出版社出版

（北京市朝阳区麦子店街 18 号楼）

（邮政编码 100125）

责任编辑 黄 宇

北京通州皇家印刷厂印刷 新华书店北京发行所发行

2019 年 1 月第 1 版 2021 年 4 月北京第 2 次印刷

开本：850mm×1168mm 1/32 印张：4.25 插页：4

字数：105 千字

定价：25.00 元

（凡本版图书出现印刷、装订错误，请向出版社发行部调换）

# 目 录

# 第一章

# 杨 梅 概 述

## 一、起源与分布

杨梅（*Myrica rubra* Sieb. et Zucc）古称机子、朱梅、树梅，又名白蒂梅、子红、君子果、朱红，民间则直呼为龙睛、金丹、仙人果。《农政全书》则称为圣僧梅。据李时珍《本草纲目》载："其形如水杨，而味似梅，故称杨梅。"

杨梅原产我国温带、亚热带湿润气候的山区，是南方的特产珍果，主要分布在长江流域以南、海南岛以北，即东经 90°～120°、北纬 20°～31°，与柑橘、枇杷、茶树、毛竹等分布相仿，但其抗寒能力比柑橘、枇杷都要强。

杨梅的栽培历史悠久，浙江余姚河姆渡遗址发现杨梅属花粉，说明在 7 000 多年以前该地区就有杨梅生长。据陆贾《南越纪行》载："罗浮山顶有湖，杨梅、山桃绕其际"，可知在距今 2 200 多年前的汉代即已有人工栽培的杨梅。目前，全国有 16 个省份种植杨梅，栽培面积达 500 万亩\*、年产量 100 多万吨，约占全球的 90％以上。我国东南沿海的浙江、福建、广东、江苏等省为传统产区。其中，浙江的栽培面积最大，品种最多，品质最优，产量也最高。杨梅是浙江省的第二大水果产业，2016 年全省栽培面积 134.1 万亩、产量 52.4 万吨、产值 46.2 亿元，全省投产面积已占栽培总面积的 73.4％，台州、宁波、温州等主

---

\* 亩为非法定计量单位，1 亩≈667 米$^2$。——编者注

产区投产比例均达 77％以上。近年来，贵州、云南、四川、重庆、湖北、陕西等新兴杨梅产区发展迅速。

目前，全国保存的杨梅种质资源 405 份，有栽培品种 305个，其中浙江省 128 个。原产浙江的东魁、荸荠种、丁岙梅和晚稻杨梅，著称全国"四大"杨梅良种。其中，东魁杨梅的栽培面积和产量，分别占全国的 35％、40％；荸荠种占 25％、30％。国外，如日本、韩国和泰国有少量栽培；东南亚各国，如印度、缅甸、越南、菲律宾等国家也有另一种杨梅分布，但因其果小、味酸，大多供作观赏用，或作糖渍食用。

# 二、生物学特性

杨梅为杨梅科（Myricaceae）杨梅属（*Myrica* Lour.）的常绿小乔木或灌木植物，树势中庸，树冠较整齐，半圆形或圆头形。多年生枝条暗褐色。嫩枝青绿色，春梢叶大，夏秋梢叶小。叶片倒卵形，叶尖渐尖，先端钝圆，叶质稍硬，正面色深绿，背面灰绿，全缘或叶前端偶有钝锯齿。果实肉柱头圆，有光泽，果核约占 5％；果形近圆形，顶部稍凹，果底平，缝合线较明显，果蒂小，微凹，蒂苔淡红色，果轴短；肉质细软，汁多味浓，香甜可口，品质极佳；果核小，卵形，顶端微尖，基部圆，与果肉易分离；早期果实硬度佳，较耐贮藏、运输。

## （一）根系生长特性

杨梅的根与放线菌共生，形成的大大小小根瘤称菌根，具有固氮作用。菌根呈瘤状突起，灰黄色，大小、分布无规律。杨梅的肉质根瘤固氮率高，温度 30℃时固氮率最高，一年中以 6～7月和 10 月为两个固氮高峰，在一天中以中午和夜间固氮率最高。经济栽培的杨梅树根系比较浅，一般主根不明显。2/3 的根系垂直分布在 0～60 厘米土层内，其水平分布是树冠直径的 1～2 倍。

## （二）枝梢生长特性

杨梅的枝梢生长因抽生时期不同共有 4 种，分别为 4～5 月的春梢、6～7 月的夏梢、8～9 月的秋梢和 10～11 月的晚秋梢。杨梅的结果母枝多数由生长充实的春梢或夏梢形成，结果枝可分徒长性结果枝（≥30 厘米）、长果枝（20～30 厘米）、中果枝（10～20 厘米）、短果枝（≤10 厘米），多数以中果枝、短果枝结果为主。每株杨梅树结果枝比例约占 40% 时表现稳产，超过 60% 时有明显的大小年结果现象；每株结果枝的花序以顶端 1～5 节的坐果率最高，第一节为 20%～50%。因此，适宜培养 30%～40% 的既结果又长枝梢的中果枝、短果枝为结果母枝，可保持产量的稳定性。

## （三）花（芽）生长特性

杨梅是雌雄异株果树，但也有极少数于雌花序基部开放数枚雄花，有雌雄同株现象；浙江、福建等老产区也有野生杨梅雄树，有时不种雄树照样也能结果；但是，在杨梅发展新区建园，应配植 1%～2% 的雄树才能确保优质稳产。雄杨梅，按花粉色泽分为 3 种，即玫瑰红型、红黄型和土黄型，其中以玫瑰红型授粉受精率最高。杨梅为风媒花，其传播距离 4～5 千米；雄花为复柔荑花序，每个花药的花粉量 7 000 粒左右，每个花序的花粉量 20 万～25 万粒，花期为 20～30 天；雌花为柔荑花序，每个花序 7～10 朵，花期约为 15 天。因此，可在迎风口通过高位嫁接或在建园时小苗配植，配备 1%～2% 的玫瑰红型杨梅雄株。

杨梅花芽分化是指叶芽经过生理生化转变及形态分化，最后转变成有生殖性的花芽现象，一般叶芽比花芽的萌动期要迟 20 天。据实验室解剖观察：浙江杨梅的花芽分化历时 10 个月，即 7 月中旬花序原基开始分化，7 月底至 8 月初雌花芽开始分化，但其生理分化期比形态分化期早 15～30 天，8 月花序正常分化，9～11 月雌、雄蕊分别出现，12 月到翌年 2 月为休眠期，翌年 3～4 月继续分化。其中，每年的 7～8 月是区别杨梅叶芽与花芽的关键期，此期须重点加强杨梅的采后培育管理，促进花芽分化良好，以确保来年优质稳产。

## （四）果实生长特性

杨梅果实的生长发育时期分为 5 个，即开花授粉期：3 月中旬至 4 月上旬（历时约 15 天），胚珠直径 0.25～0.30 厘米；幼果形成期：4 月中下旬即胚珠授粉后的 20 多天，幼果膨大很快，果径从 0.3 厘米增大到 1.1 厘米，绿色的微粒组成球状；种仁形成期：5 月初至 5 月中旬（历时约 14 天），果实已形成，但果径增大量小，种壳呈肉质、松软、色浅；果实硬核期：5 月中下旬（历时约 10 多天），种壳基本硬化，种仁发育逐渐充实，果径呈 S 形生长曲线，果径越大则果核硬化速度越快，系第一次发育高峰期；转色成熟期：6 月上中旬（历时约 10 多天），果实转色，果径增大很快，系第二次发育高峰期，果径达 2.1～3.9 厘米，果面色泽由淡黄色转变为红色只需 7～8 天，由红色转变为乌紫色、果汁糖分积累只需 3～4 天。据实验室测定，紫红色杨梅果实的出汁率，大果径的果实为 73.5%，小果径的为 72.6%，差异不大。果实糖度与着色程度呈正相关，即着色越深，糖度越高，以葡萄糖和果糖为主，在完熟前 14～21 天含糖量显著增加，其中葡萄糖含量急速上升，其总量是果糖的 2～5 倍；不论乌紫色果实或淡黄色果实，其糖度大果均比小果高。柠檬酸是杨梅果实中主要的有机酸，苹果酸和琥珀酸也有少量；果形越小，成熟度越低的果实，酸度越高。

## （五）生态适应性

杨梅是喜温、耐阴的阳性常绿树种，最适宜的年均温度

15～21℃，极端最低气温－9℃，年均降水量 1 000 毫米以上，平均相对湿度 80%以上。≥10℃的年有效积温要求 4 500℃以上，花器的耐寒温度为 0～2℃，发育成熟期果实的高温忍耐温度为30～35℃，花芽分化期枝条的高温忍耐温度为 29℃。果实转色成熟期的降水量要求 ≥160 毫米，成熟期的空气干燥度≤1.2。东南坡光照充足，在这个地块栽植的杨梅，成熟期提早 2～5 天，果实品质佳、耐贮运。树冠较开张，通风透光，表现结果良好。

杨梅是喜欢富含石砾的沙性红壤或黄壤，最适宜的土壤 pH4.5～5.5。芒萁等蕨类植物系杨梅生长的指示植物，凡蕨类植物、杜鹃、麻栎、竹类与香樟等阔叶树生长占优势的山坡地土壤，有利于杨梅根系的深入，新种杨梅结果早、品质优、产量也高；凡是以狼尾草等单子叶植物为主的土壤，则以生长枝叶为主，且常因导致杨梅褐斑病的发生而落叶严重。人工栽培杨梅要求海拔高度在 700 米以下，适宜的海拔高度为 100～400 米。适宜的海拔高度有利于杨梅的生长结果，特别是在高海拔地区选择适宜的生境栽培杨梅，由于昼夜温差加大，成熟期延迟，可大幅度提高杨梅的经济效益。

# 三、经济效益和生态效益

## （一）经济效益

杨梅栽培的经济效益显著，且经济寿命长，其根部与放线菌共生，能在瘠薄的山地生长，生产成本低，被誉为"绿色企业"和"摇钱树"。杨梅果实色泽鲜艳，甜酸适口，风味独特，营养丰富，具有生津止渴、健脾开胃之功效；且适宜于山地栽培，树冠茂密，四季常绿，是集食用、观赏、药用于一身的生态经济型树种，深受生产者和消费者喜爱。

在当前实施乡村振兴战略的产业结构调整中，许多地方政府部门已把发展杨梅作为实现山区农民增收的一个重要举措。主产地浙江余姚、慈溪的荸荠种杨梅，嫁接苗如栽培得法，一般 3～6 年即可挂果，8～10 年后进入盛果期，株产 50～80 千克，大树株产高的达 300 千克，最高达到 450 千克，连片种植平均亩产 1 000 千克，高的可达 2 000 千克。在主产地浙江黄岩，果形特大的东魁杨梅，在肥水充足的条件下能稳产高产，一般 5～6 年始果，15 年后进入盛果期，大树平均株产 100～150 千克，最高达 500 千克。

杨梅用途广泛，市场潜力巨大。其树姿优美，叶色浓绿，15 年生左右健壮的杨梅树，用作观赏性园林绿化树种。杨梅终年常绿，叶片已被用作鲜切花配叶（切叶），出口到日本。杨梅的新鲜枝叶不易燃烧，可作为森林防火带（墙）种植，防止森林火灾。杨梅的叶、根与枝干表皮富含单宁（含量高达 10%～19%），可提炼黄酮类与香精油物质，用作制革及医疗上的收敛剂。杨梅果实除鲜食外，还可加工成糖水杨梅罐头、果酱、蜜饯、果汁、果干、果酒等食品，其产品附加值成倍提高。杨梅核仁含油量高达 40%，可炒食或榨油。杨梅具有祛痰止呕、生津止渴、消食解酒、和五脏、涤肠胃、利尿、除烦馈恶气、治痢疾和头痛等作用[1]。杨梅果汁有抗微核突变作用[2]。杨梅核仁提取液对胃癌细胞有杀伤抑制作用[3]。杨梅酱能消肿止痛，可治疗扁桃体炎、牙痛、牙龈红肿、眼热痛、体外损伤、蜂蛰虫咬及身体其他部位红肿化脓等[4]。

① 彭述宪．杨梅是良药［J］．大众中医药，1992，8（2）：23.
② 洪振丰，等．杨梅果汁的抗微核突变作用［J］．福建中医学院学报，1998（3）：36－37.
③ 刘川，李伟．杨梅核仁提取液对胃液（803，823）细胞的杀伤抑制作用初步研究［J］．中医药信息，1981（1）：56.
④ 胡子龙．用彝族杨梅酱消肿止痛［J］．中国民族，2002（2）：72.

## （二）生态效益

杨梅属于常绿小乔木，树势强健、根系发达，且适应性广、栽培容易，不仅能在瘠薄山地上生长，而且生长迅速，具有耐寒、耐旱、耐瘠薄、适应性强的特点，在治山造林中具有防止水土流失和改良土壤的重要作用。

杨梅树喜阴，属非豆科木本固氮植物，在微酸性的山地土壤中，其根系与放线菌共生形成根瘤，具有持久性共生固氮能力，而且固氮能力强，耐旱、耐瘠，省工、省肥，是一种非常适合山地退耕还林、保护生态的理想树种。一年生杨梅植株每克根瘤干重可固氮420毫克，而杨梅根瘤干重为杨梅植株干重的6.6%[①]。在我国长江流域、珠江流域及南方一些红黄壤地区，特别是处于西部大开发的云南、贵州、广西、四川等省份，水土流失严重，土壤瘠薄、石漠化严重，亟须治理。王白坡等（2001）研究表明，杨梅树冠和树形有极强的阻截暴雨、减少地表径流以及蓄水能力，地表径流比草坡减少11%，树冠下部凋落物平均厚度5.5厘米，每株成年树可保存$0.30 \sim 0.69$米$^3$的降水量[②]。

杨梅可单独种植，也可与其他林果混栽。很久以来，人们就将杨梅与松、柏等混栽，绿化造林。日本曾发表过混栽试验的成果，将杨梅与红松或黑松混栽，结果表明能促进红松和黑松的生长。通常，杨梅在治山造林中，作为肥料树，栽植密度可控制在每公顷3 000～4 000株的水平，而以观赏为目的的育林，则可采用每公顷3 000～5 000株的密度[③]。

---

① 陈因，等. 生物固氮［M］. 上海：上海科学技术出版社，1985.

② 王白坡，等. 浙江省杨梅资源的利用及生态效益［J］. 浙江林学院学报，2001（2）：47-52.

③ 缪松林，王定样. 杨梅［M］. 杭州：浙江科学技术出版社.

# 第 二 章

# 杨 梅 品 种

## 一、植物学分类

杨梅为杨梅科杨梅属果树，原产我国的有 6 个种，可食用的仅有 1 种。依果实颜色分着色种和白色种两大类。根据杨梅栽培品种的系统划分为乌梅类、红梅类、粉红梅类和白梅类 4 种。每一种类都有不同时期的成熟品种。

### （一）乌梅类

果实未成熟前呈红色，成熟后呈浓紫色，肉粒粗而钝，果肉与核脱离。乌梅类品种一般以早熟为主，其中野乌梅果形小，酸度大，粘核，商品价值低，只作为砧木用。主要品种有浙江黄岩*的早野乌、中野乌、迟野乌、乌梅、早乌种、药山野乌、药山黑炭梅，乐清的野乌，兰溪的早佳，慈溪的早荸蜜梅，慈溪、余姚的荸荠种，三门的桐子梅，温岭的黑晶，余姚的晚荸蜜梅，象山的乌紫杨梅，舟山的晚稻杨梅，江苏苏州的大叶细蒂、乌梅等。

### （二）红梅类

果实成熟后呈深红色，肉粒粗而钝。主要品种有浙江萧山的早色、迟色，黄岩的水梅、头陀水梅、毛岙水梅、洪家梅、阳平

---

\* 以下不注明省份的，都属浙江省。

梅、红四迟梅、东魁，临海的早大梅，温岭的温岭大梅、迟大梅、水梅，瓯海、龙湾的丁岙梅，瓯海的土大（早土）、牛峦袋、土梅、台眼种、流水头、大叶高桩（万年青）、新山种和炭梅，乐清的花坛中性梅、蔡界山中性梅和大荆水梅，永嘉的早梅、楠溪梅、水梅，上虞的深红种等。

### （三）粉红梅类

果实成熟后呈粉红色，既不变深红色，又不杂白色。主要品种有瓯海的贾宅早、香山梅和细叶高桩，乐清的大荆早酸、刺梅、溪坦刺梅、潘家洋真梅和纽扣杨梅，永嘉的罗坑早刺梅、刺梅、荔枝梅和罗坑梅，临海的刺梅，温岭的早酸、刺梅、鸡鸣梅、若溪淡红梅和白红杨梅，黄岩的大早性梅、小早性梅、大早种、中早种、小早种、早红梅、早梅、红四早梅、药山早梅、中熟早梅、药山刺梅、头陀刺梅、绿麻籽和青蒂头大杨梅。

### （四）白梅类

果实成熟后呈白色、乳白色。以中熟品种为主，主要有瓯海的丁岙白梅和雪梅，乐清的糖霜杨梅，温岭的白杨梅，黄岩的细白杨梅、半白杨梅和药山白杨梅，上虞的水晶种，定海的白实杨梅。

## 二、园艺学分类

根据成熟期不同，可将杨梅分为早熟品种、中熟品种和晚熟品种3种类型。

早熟品种是指在5月底至6月上中旬成熟上市的杨梅品种，优良品种有早佳、早荠蜜梅、早鲜、早色、早大梅、丁岙梅等。

中熟品种是指在6月中下旬成熟上市的杨梅品种，优良品种有荠荠种、大叶细蒂、水梅、乌梅、大炭梅、桐子梅、夏至红、深红种、水晶种等。

晚熟品种是指在 6 月下旬至 7 月上旬成熟上市的杨梅品种，优良品种有黑晶、晚荠蜜梅、乌紫杨梅、东魁、晚稻杨梅等。

## （一）早熟品种

**1. 早佳**　系浙江省兰溪当地发现的荸荠种杨梅变异优株，经系统选育而成的特早熟乌梅类新品种。树体健壮，树势中庸，树冠矮化；始果期早，比荸荠种提早 1～2 年挂果；成熟期早，比荸荠种提前 7 天成熟，比东魁杨梅提前 15 天成熟；丰产、稳产，一般八年生树即进入盛产期，亩产比荸荠种增产 11.9%。果实外观美，色泽紫黑明亮；平均单果重 12.5 克，肉柱圆钝，肉质较硬，耐贮运；可溶性固形物含量 11.0%，风味浓；果核小，可食率 95.7%；品质优良。该品种长势中庸、早果性好、成熟期早，适于矮化密植栽培，株行距 4 米×4 米，每亩栽植 40～45 株；或采用设施栽培进一步提早成熟。栽培中加强树体管理、花果调控，需合理增施氮、钾肥，保持丰产、稳产的树势。

**2. 早头**　早头系乐清杨梅地方品种，树势中庸，树冠圆头形。叶长纺锤形，叶长 10.4 厘米，叶宽 2.8 厘米，叶柄长 1.08 厘米，先端渐尖或急尖，叶边全缘，微有波状。果实圆形，纵径 2.07 厘米，横径 2.07 厘米，平均单果重 5.77 克。完熟时红色或淡红色，肉柱圆头，汁液中等，可溶性固形物含量 8.5%，品质一般。果核椭圆形或卵形，长 1.03 厘米，宽 0.77 厘米，厚 0.58 厘米，核重 0.4 克，可食率 93.06%。6 月初成熟，是成熟期最早的品种之一。

**3. 早荠蜜梅**　早荠蜜梅是由浙江省农业科学院和慈溪市杨梅研究所从实生荸荠种杨梅中选出的早熟品种。树势中庸，树冠圆头形。叶较小，叶长 7.6 厘米，宽 2.7 厘米，两侧略向上。果实扁圆，单果重约 9 克；完熟时呈深紫红色，光亮，肉柱顶端圆钝，大小均匀，可溶性固形物含量 12.38%，含酸量 1.26%，可食率93.1%，味甜酸，品质优良。产地6月上中旬成熟，比荸荠种早10余天采收。早荸蜜梅进入结果期较早，抗逆性强。其开花期比荸荠种杨梅一般早20天，避开了沙尘造成落花的危害，是该品种结实率高、产量稳的原因之一。

**4. 早大梅** 早大梅是临海市林业特产局和原浙江农业大学园艺系从当地水梅中选出的早熟品种。该品种树势中庸，树冠大，圆头形。叶片广倒披针形，先端钝圆或尖圆，叶长8.7厘米，宽3.1厘米。果实略高扁圆形，纵径2.94厘米，横径3.18厘米，平均单果重15.7克，最大单果重18.4克；肉柱长而较粗，大多呈槌形，顶端钝圆；完熟时果面紫红或紫黑色，肉质致密、较硬，甜酸适度，品质上等；果实可食率93.8%，可溶性固形物含量11.0%，含酸量1.06%。产地6月中旬成熟。嫁接苗栽植4～5年开始结果，13年后进入盛果期，丰产、稳产，株产一般可达50千克以上，大小年不明显。该品种抗病性较强，耐肥，果实较耐贮运，为鲜食、罐藏良种。但采前落果较多。

**5. 早色** 早色又称早式。原产浙江杭州萧山区所前镇杜家村，系当地实生早熟单株杨梅中优选而成，当地早熟杨梅的优良品种。1994年通过浙江省农作物品种审定委员会认定。

该品种树势旺盛，耐旱、耐瘠能力较强，适应性强，丰产、稳产。树姿较直立，枝叶中密，树冠圆头形。叶片倒披针形，叶大，先端渐尖，基部窄楔形，长9.8厘米，宽2.8厘米，叶全缘间或有粗锯齿。果圆球形或扁圆形，中大，纵横径2.62厘米×2.75厘米，单果重12.6克，最大单果重17.0克，在早熟品种中属果形较大者。完熟时果面紫红色，果顶和果基均呈圆形且平整，果蒂细小、黄绿色，肉柱顶端圆或尖；肉质稍粗，汁多，味酸甜，品质优良，可溶性固形物含量12.5%，含酸量1.25%，核小，可食率95.3%。当地6月16～20日成熟，采收期约10天。丰产、稳产，种植后4～5年开始结果，经济寿命长达70～80年，盛果期平均株产70～100千克，最高者可达250千克。

该品种结果大小年现象不明显，适应性广，栽培易，抗病虫害能力强，采前落果较轻。

6. **大野乌** 大野乌系乐清杨梅地方品种，树势中庸，树冠不正，扁圆形或圆头形。枝叶茂盛。叶片长纺锤形或尖长倒卵形，叶长 9.16 厘米，叶宽 2.58 厘米，叶柄长 0.63 厘米，先端渐尖较钝，叶边全缘，微有波状。果实圆形，纵径 2.28 厘米，横径 2.35 厘米，平均单果重 8.17 克，先端圆形或微凹，果顶圆形，蒂部突起，突起部红色。果实完熟时紫黑色，肉柱圆头，少数尖，汁液中等，可溶性固形物含量 9％，酸味较重，品质一般，可食率 91.02％。果核椭圆形或卵形，长 1.21 厘米，宽 1.02 厘米，厚 0.82 厘米，重 0.73 克。成熟期为 6 月上旬。

7. **乌酥核** 乌酥核原产广东省潮阳等地。该品种树势强壮，树梢直立，树冠呈略开张的半圆头形。叶呈长倒卵形，长 3.5～6.0 厘米，宽 1.5～2.5 厘米，叶全缘，无锯齿，前半部较宽而圆钝，先端微凹，叶基楔形渐尖。果实为圆头形，平均单果重 15.8 克，肉柱发育较均匀，大小及长短一致，果面缝合线不明显，外观饱满整齐；果实成熟时呈紫红色或紫黑色，肉质柔软，汁多、甜酸可口，核小，品质优良；可溶性固形物含量 13.4％，可食率 94％，含酸量 0.75％。6 月上中旬成熟，为鲜食优良品种。

8. **丁岙梅** 丁岙梅原产浙江温州瓯海、龙湾，早熟品种，我国杨梅"四大"传统良种之一。该品种树性较强，树冠圆头形或半圆形，枝条短缩，叶倒披针形或长椭圆形，叶色浓绿，是现有杨梅栽培品种中唯一的短枝型品种。果实圆球形，平均单果重 11.3 克，肉柱圆钝，肉质柔软多汁，甜多酸少，可溶性固形物含量 11.1％，含酸量 0.83％，可食率 96.4％，品质上等。果实成熟时果面紫红色，果柄长，果蒂较大且呈绿色疣状突起。主产区 6 月上中旬成熟，采摘期约为 10 天。该品种果实固着能力强，带柄采摘，素有"红盘绿蒂"之誉。树冠较矮小，单株产量不及其他品种，种植时可适当密植。

## （二）中熟品种

**1. 水梅**　水梅原产浙江乐清、黄岩等地。树势比较强壮，树冠圆头形。适应性强，较丰产。单果重 13～14 克，果顶圆或平，先端凹入得明显，果底平，果面红色或紫红。果肉汁多，味甜，可溶性固形物含量 12.6%，品质优良。6 月中下旬成熟。该品种肉软汁多，果大，核小，适合鲜食和加工。

**2. 大炭梅**　大炭梅原产杭州、余杭等地，果表深黑色似炭，故名。树势较强健，树冠欠整齐，枝条较稀疏。叶片厚大而稀疏，长椭圆形或披针形，质较软，叶脉细而不明显，全缘，略向下反卷。果大，圆形或扁圆形，果面粗糙不平，缝合线不明显，果底平或稍凹，平均单果重 14.5 克。果蒂大而明显突起，翠绿色，果梗较细短。肉柱长短不一，尖头或钝头带尖，汁多味甜，可溶性固形物含量 10.3%，含酸量 0.59%，品质上等。其缺点是不耐贮藏，抗病、抗旱力差。产地 6 月 25 日前后成熟。

**3. 荸荠种**　荸荠种原产余姚、慈溪。该品种树势中庸，树姿开张，枝梢较稀疏，树冠半圆形或圆头形，树形较矮。叶片卵形或倒卵形，先端钝尖或近圆形，全缘。果中等偏小，平均单果重 9.5 克，正扁圆，形似荸荠，故得名。果实完熟时呈紫黑色，果蒂小，果顶微凹，有时有"十"字纹，果底有明显的浅洼，果梗细短，采后多脱落；肉柱棍棒形，柱端圆钝，肉质细软，汁液多，味甜微酸，略有香气，可溶性固形物含量 13%，含酸量 0.9%，可食率高达 96%，品质特优；核小，卵形，密披细软茸毛，重 0.51 克；比其他品种离核性强。在产地，荸荠种 6 月中旬至 7 月初成熟，采收期长达 20 天之久。该品种丰产、优质、耐肥、适应强，定植后 3～5 年开始结果，10 年后进入盛果期，旺果期可维持 30 年左右，经济结果寿命约 50 余年。盛果期平均株产 50 千克以上，最高可达 450 千克。成熟时抗风能力强，不易脱落，较抗癌肿病与褐斑病，适应范围广，凡有杨梅生长之地均可引栽。该品种耐贮运，加工性能特佳，为目前最佳的鲜食兼罐藏品种之一。近年利用速冻冷藏法运输，鲜食杨梅销售到我国东北、香港及澳门等地区，糖水杨梅罐头远销欧美等 10 多个国家和地区，声誉很高。

**4. 深红种** 深红种杨梅原产浙江上虞二都。树势强健，树冠圆头形。果实圆球形，平均单果重 13.1 克，最大果达 16.3 克，果顶凹，果蒂较小，果表深红色，具明显纵沟，肉质细嫩，汁液多，甜酸适口，风味较浓，可食率 93.2%，可溶性固形物含量 12.4%，采收期长达 20 天。

**5. 水晶种** 水晶种原产浙江上虞二都。树势强健，树冠半圆形。果实圆球形，平均单果重 14.35 克，最大果重 17.3 克。果实完熟时白玉色，肉柱尖端稍带红点；肉质柔软细嫩，汁多，味甜稍酸，风味较浓，具独特清香味，品质上乘，可食率 93.6%，可溶性固形物含量 13.4%。该品种于 6 月下旬至 7 月上旬成熟，采收期长达 15 天左右，宜在山脚较肥沃处栽培，为我国品质最优的白杨梅，可作花色品种适当发展。

**6. 淡红梅** 淡红梅系乐清杨梅地方品种，树势中等，树冠圆头形。叶倒尖形，叶长 8.2 厘米，叶宽 2.2 厘米，先端渐尖，叶边全缘，叶柄长 0.45 厘米。果实圆形，环状浅沟较不明显，纵横径 2.79 厘米×2.89 厘米，平均单果重 13.1 克。果面淡红色，先端平或略有微凹，肉柱内部白色，带粉红色；肉质柔软，汁液多，味淡甜且有微香。

**7. 桐子梅** 桐子梅原产于浙江三门县海游镇松门村，系当地实生杨梅变异优株选育而成。其树势强健。果实圆球形，平均单果重 15 克以上，最大单果重达 21 克，充分成熟时紫黑色，可食率 94%，可溶性固形物含量 11%，果汁中等，肉质较硬，品质中等。6 月中旬成熟，为耐贮藏的品种之一。

## （三）晚熟品种

**1. 东魁** 东魁杨梅原产浙江黄岩江口镇东岙村，故又称东岙大梅。该品种树势强健，发枝力强，以中、短果枝结果为主。树姿稍直立，树冠圆头形，枝粗节密。叶大密生，倒披针形，叶长9.72厘米，宽3.1厘米，幼树叶缘波状皱缩似齿，成年后全缘，色浓绿。果实特大，高圆形，纵径3.66厘米，横径3.37厘米，平均单果重约25克，最大果重可达52克，为目前世界上果形最大的杨梅品种。果实完熟时深红色或紫红色，缝合线明显，果蒂突起，成熟时保持黄绿色；肉柱较粗大，先端钝尖，汁多，甜酸适中，味浓，可溶性固形物含量13.4%，总糖10.5%，含酸量1.10%，可食率达94.87%，品质优良。该品种适于鲜食或加工。在主产地其成熟期为6月下旬至7月上旬，采收期10～15天。该品种产量高，种植5～6年后开始结果，15年后进入盛果期，盛果期可维持50～60年，大树一般株产100～150千克，最高达500千克。生长旺盛，结果大小年现象不明显，成熟时不易落果，抗风性强。抗杨梅斑点病、灰斑病、癌肿病等。

**2. 晚荠蜜梅** 晚荠蜜梅为浙江省农业科学院和余姚市杨梅研究所从荠荠种杨梅中选出的晚熟营养系优变品种。树势强健，枝叶繁茂，树冠呈圆头形。叶较大，长9.3厘米，宽2.7厘米，色浓绿。果实扁圆形，平均单果重13.0克；完熟时果面紫黑色，富光泽，肉柱顶端圆钝，可溶性固形物含量13.0%，含酸量1.0%，可食率95.6%，肉质致密，甜酸适口，品质上等。该品种成熟期晚，7月上旬成熟，是鲜食和罐头加工兼用的优良品种。晚荠蜜梅结果性能好，丰产、稳产，抗逆性强，具有较强的耐高温干旱能力。

**3. 晚稻杨梅** 晚稻杨梅原产浙江舟山白泉镇爱国村，由农民杨嘉发从实生树中选出。该品种树冠高大，呈圆头形或圆筒形；树势强健，主侧枝粗壮、紧密，发枝力强，以春梢中果枝结果为主。叶披针形，长 8.84 厘米，宽 2.22 厘米，先端尖圆，基部楔形，全缘间或浅锯齿，深绿色，叶脉明显。果实圆球形，中大，平均单果重 11.70 克，大的达 15 克以上；完熟时果色乌黑，有光泽；果柄短，果蒂小、色深红；果顶有微凹，果基圆形，凹沟短、缝合线不明显；肉柱多槌形，顶端圆钝，肥大、整齐、质细，汁多，甜酸适口，略具香气，核与肉易分离，品质特优，可溶性固形物含量 12.6%，总糖 9.6%，总酸 0.85%，可食率达 95.5%。在产地，该品种 7 月上中旬成熟，采收期 12～15 天。晚稻杨梅定植后 5～6 年开始挂果，10 年后进入盛果期，盛果期可维持 40～50 年，一般大树株产 50～100 千克，高者可达 400 千克左右。果实鲜食和加工性能特佳，为鲜食和制罐良种。抗逆性强，大小年不明显，丰产。

**4. 温岭大梅**　温岭大梅原产浙江温岭泽国。该品种树势健壮，树冠圆头形或半圆形。叶倒披针形，长 10.33 厘米，宽 2.93 厘米，叶柄长 0.32 厘米，先端渐尖或急尖，叶近全缘或有微波。果实圆形，纵径 2.93 厘米，横径 2.83 厘米，平均单果重 15.2 克，果顶圆形，蒂部细小突起，黄绿色。完熟时果肉呈红色，肉柱圆或尖，肉质中等，汁液多，味甜酸适口，可溶性固形物含量 9.5%。果核椭圆形，长 1.48 厘米，宽 0.99 厘米，厚 0.8 厘米，重 1.46 克，可食率 90.4%。温岭大梅成熟期 6 月下旬。该品种具抗逆性强、坐果率高、高产，但易发生大小年结果现象。

**5. 黑晶**　黑晶原产温岭泽国镇，树势中庸，树姿开张，树冠圆头形。叶倒披针形，长 8.43 厘米，宽 2.53 厘米，叶柄长 0.31 厘米，叶尖圆钝，叶缘浅波状。果实圆形，纵径 3.31 厘米，横径 3.06 厘米，平均单果重 20.40 克，果顶较凹陷，果蒂突出呈红色，完熟时呈紫黑色，有光泽，具明显纵沟。肉柱圆钝，肉质柔软，汁液多，可溶性固形物含量 11.50%，可食率 90.6%；果核椭圆形，长 1.58 厘米，宽 1.18 厘米，厚 0.96 厘米，重 1.92g。始果期早，一般四年生树能结果，以短果枝结果为主，着果均匀。成年树一般亩产 500 千克以上。成熟期介于荸荠种与东魁杨梅之间，6 月下旬成熟。始果期早，果个较大，丰产、稳产，品质优，熟期适中，采前不易落果。

**6. 乌紫杨梅**　　乌紫杨梅系浙江宁波象山地方品种，树势中强，树姿开张。叶尖为圆钝，叶边全缘，叶色深绿。果实大而圆正，平均纵径 3.3 厘米，横径 3.5 厘米，平均单果重 23.5 克，果肉厚，果蒂平而小，肉柱顶端圆钝。果实成熟时果面色泽乌紫、较光滑、有光泽，果肉质地较硬，果汁多，甜酸适口，味浓，品质上等，可溶性固形物含量 13.0%，可食率 94.0%，果核稍大。耐贮藏。乌紫杨梅丰产、稳产，14～17 年生树亩产 900 千克左右，采前落果少，6 月中下旬成熟，采收期 10～13 天。采用生长健壮的成年野生杨梅或炭梅种子培育砧木苗，在 3～4 月中旬选二年生接穗进行枝接。其适应性强，适宜在土质为酸性的山地种植。果实鲜食，本品也可用于山地生态景观及森林防火隔离林带造林。

# 第三章
# 杨梅育苗技术

## 一、苗圃地选择

杨梅苗圃地的选择应着重考虑地势、土壤、水源、交通等方面的因素。

### （一）地势与土壤

杨梅苗圃地宜选择背风向阳、地势比较平坦、坡度在5°以下的通气良好、排灌方便的地段。土层厚度、土壤质地与肥力，关系到苗木的生长能否达到标准化生产的要求。因此，要求苗圃地的土层较为深厚，以沙壤土或黏壤土为好，土壤肥力较高，酸性或微酸性，保肥、保水力较强，土壤通气状况良好。用这样的土壤作苗圃，苗木根系发达，侧根和细根量多，容易育成壮苗，一级苗出圃率高。若表土层浅于30厘米，根系生长受抑，易遭旱害；若土壤质地过于黏重，通气状况不佳，易造成春季土温上升缓慢；沙质土肥力低，保肥、保水力差，在育苗前需要加以改造，才能用作苗圃地。杨梅圃地切忌连作，其他树木的育苗地也不宜作杨梅圃地，否则，育成的杨梅苗质量差，种植后成活率低。杨梅圃地前作最好是水稻、蔬菜或豆类作物，并且和杨梅生产基地保持一定距离，以免病虫害互相传播，交叉感染。

### （二）水源与交通

苗木根系较浅，抗旱力弱，整个苗期都要求有适量的水分供应，才能正常生长。因此，在苗圃地选择上需要周密考虑水源和灌溉条件，在水源缺乏的地段建立苗圃，应规划修建灌溉设施。此外，建圃前还需做好道路系统建设，圃地尽量选在靠近公路或农村主干道边，使苗圃道路与公路相连接，以便苗木的出圃和发送。

## 二、实生苗繁育

实生苗主要作为砧木或直接用于绿化造林。

### （一）种子的采集与处理

杨梅种子可通过以下4个途经获得：采集完全成熟的野生杨梅的果实，加水堆沤后清洗取出种子；收集栽培品种成熟时的落果，剔除未成熟果，取出种子；从加工厂或收购部门收集未经高温处理或未受损伤的种子；收集食用后的种子。

栽培品种的果实和种子较大，出籽率为6％～7.5％，野生杨梅果实和种子都较小，但出籽率高，可高达20％～30％。种子发芽率与其饱满率有密切关系。因此，不论栽培品种或野生杨梅，种用果实均应在充分成熟后收集，以提高发芽率。将收集的种子，在清水中漂洗干净，除去其表面残留的果肉，然后置于无直射光照射的通风、干燥处晾干外壳水分（5～9天）。切忌在阳光下暴晒，以免丧失发芽率，等到种子干燥后，贮藏待用。

贮藏方法有干藏法和湿藏法两种。干藏法，即将盛装种子的棉麻袋或编织袋，在室内悬空挂藏，经4～5个月贮藏后，于当年11月播种。干藏法方便，且发芽率高，目前多采用此法。湿藏法是指采用湿沙（其标准是手捏之成团，触之即散）层积或混合贮藏，种子与湿沙比例为1∶3，底部铺细沙厚度6～7厘米，然后一层种子一层沙，最后盖沙一层。贮藏地点可选在室内的泥地、砖地或水泥地，若选在室外贮藏，上面必须有遮盖物，并在四周开排水沟，以防积水霉烂。贮藏期间要经常检查，适当翻动，防止高温高湿霉变或湿沙干燥，鼠兽剥食。

## （二）播种

杨梅种子多采用秋播，一般以 10 月中旬至 11 月上旬为宜。播种前，于晴朗天气将圃地翻耕、晒白、平整，施入少量腐熟的有机肥，开沟作高畦。畦宽 60～80 厘米，长度依地形而定，在畦面上加喷少量多菌灵以减少杂草和病害侵害。为减少杨梅苗期病害，种子在播前可在 50％多菌灵或甲基硫菌灵可湿性粉剂600～800 倍液中浸泡消毒 1 小时。播种量视种源而定，栽培品种种子发芽率只有 20％～30％，播种量一般为每平方米 1.5～2.0千克，野生杨梅种子发芽率可达 50％～60％，播种量一般每平方米 1.25～1.5 千克。将备用种子密播一层于苗床上，用木板轻轻将种子压入土中，使种子与土壤密切接触，然后上面覆盖一层细土，深度 2～3 厘米，再覆盖一层草或农用薄膜，以防雨水冲刷和表土被晒干。播后应经常注意管理、观察，防止人、畜、鼠、虫对种子及幼苗的危害。至 12 月中旬天气转冷时，再盖薄膜小拱棚保温。苗床要保持一定的温度，并注意排水和防治鼠害。一般在 10 月中下旬播种，于翌年 1 月种子萌动，2 月中旬破土出苗。出苗后，如中午太阳光太强，要打开小拱棚两头的薄膜通风，以降低棚内温度和湿度，防止日灼或猝倒病。至 7 月下旬，即可进行第一次苗移植。移植前夕，可逐渐打开薄膜，直至全部揭去薄膜，以进行炼苗，促使根群旺盛，苗木粗壮。

## （三）实生小苗的移栽

到 4 月中下旬，当苗高达 10 厘米左右、4～5 片真叶时，可选择无风的阴天或晴天的早晚进行再次带土移植。移植前，应对苗木进行喷药杀菌，以降低发病率，药剂选用 50％多菌灵或甲基硫菌灵可湿性粉剂 500～600 倍液，等药液干后起苗。对繁殖苗圃要进行整地和施肥。土地经翻耕、晒干后整理成宽度 1 米左右的畦，同时每亩施腐熟有机肥 1 000 千克和草木灰 200 千克作基肥，畦面还要撒施 25 千克石灰或喷洒甲基硫菌灵可湿性粉剂 600 倍液。然后，按行距 30～35 厘米、株距 8～10 厘米的规格，移栽小苗。每亩定植数为 1.5 万～1.8 万株。移栽时，选择阴天或晴天的早晚进行，并提前浇足定根水。若苗木需进行长途运输，则按每 100 株捆为 1 把，用薄膜或纸张包裹，注意保湿。

### （四）实生小苗移栽后的管理

实生杨梅小苗对肥料反应十分敏感，即使施用少量的稀薄肥，也会引起苗木死亡，因此，小苗移栽后，不能马上施肥。一般待苗高 30 厘米或长出 4～5 片新叶以后，方可用稀释的人粪尿（50 千克水加人粪尿 2 勺、尿素 250 克）浇施。之后，每 15 天浇 1 次 2% 的三元复合肥液或稀人粪尿液，薄肥勤施，促进苗木生长。7～8 月遇干旱季节应注意及时灌水，并注意防止苗木炭疽病、立枯病和其他病虫害，药剂可用多菌灵或甲基硫菌灵可湿性粉剂 600 倍液防治。此外，还应勤松土、除草，防止土壤板结和杂草与苗木争夺养分。翌年春季，当苗高达 50 厘米、茎粗 0.6 厘米时即可嫁接。


## 三、嫁接繁育

杨梅苗木的繁殖方法有实生、嫁接、压条、扦插 4 种。目前在生产上主要采用以实生育苗（或选挖野生苗）、嫁接等技术进行繁殖。

这里重点介绍嫁接繁殖技术。

### （一）嫁接时期

杨梅嫁接时间一般在萌芽展叶后的 3 月中旬至 4 月下旬。杨梅萌芽展叶时进行嫁接为最好。因此，嫁接时间的安排，纬度方面，由北向南可逐渐略为提早；海拔高度方面，由高到低可梯次适当提早。

## （二）嫁接方法

接穗应选择生长健壮，无病虫害，7～15 年生的优良品种树作为母树，采取 2～3 年生、直径 0.5 厘米以上、外皮呈灰白色、充分成熟的二年生春梢枝条，也可选取先端有分枝的枝条作为接穗。分枝留 3 厘米剪断，或在分杈处剪接穗长约 10 厘米，用于皮下接。也可选用二年生的春枝的中段枝条，作为接穗。接穗一般应选外围或顶部的向阳枝条，忌取内膛枝、阴枝及树冠下部衰弱枝。取得接穗后，剪去叶片，保湿备用。接穗最好随采随接，如果是远距离采穗的地区，应注意接穗的妥善保管。如把接穗放到 5℃ 的冷藏库中，贮藏 10～20 天，其成活率也很高。

常用的基本嫁接方法是芽接和枝接，较少使用根接。

1. **芽接**　芽接分为带木质芽接和不带木质芽接两类。在皮层可以剥离的时期，用不带木质芽片嫁接，也可用带有少许木质部的芽片嫁接；在皮层不易剥离的时期，只能进行带木质部嵌芽接。

**（1）T 形芽接**　取接穗，用芽接刀在芽上方 0.5 厘米处横切一刀，切透皮层，再在芽下方 1.5～2 厘米处，顺枝条方向斜削入木质部，长度超过横切口即可，然后取下芽片。随即在砧木较光滑处横切一刀，再在横刀口中间纵切一刀，使呈 T 形切口。用刀尖把接口挑开，将芽片由上而下轻轻插入，使芽片上部与砧木横切口紧密相接。最后，用塑料嫁接薄膜条绑扎严密，并使叶柄外露。芽片也可稍带木质部。

**（2）嵌芽接**　削接芽时倒持接穗，先从接芽上方约 1.5 厘米处，向前下方斜削一刀，长度约 2 厘米，再在芽下方 0.5 厘米处斜切一刀，与枝条角度呈 45°，到第一切口底部，取下芽片。砧木削切口的方法与削接穗相同，但接口比接芽稍长。然后，将芽片插入接口，芽片上端必须露出一线宽窄的皮层，砧木与接芽形成层对齐，砧木较粗时一边对齐。最后，用塑料薄膜条绑扎严密，露出叶柄。

**（3）贴芽接**　先从接穗芽的下方 1.5 厘米左右处下刀，推到芽的上方 1.5 厘米左右，稍带木质部削下芽片，芽片长 2.5 厘米左右。再在砧木上削相同的切口，但比芽片稍长。将芽片贴到砧木上，最后用塑料薄膜条绑扎并露出叶柄。

2. **枝接**　枝接常用具有 1 个或数个芽的枝段为接穗。分为硬枝嫁接和绿枝嫁接。硬枝嫁接多在春季砧木萌芽前至旺盛生长前进行；嫩枝嫁接在生长季进行。在杨梅上应用的主要是切接、劈接和切腹接。

**（1）切接法**　切接是沿砧木形成层纵向切一个切口，后将接穗插入切口的一种嫁接方法。切接的优点是接后苗木生长快、健壮整齐，当年可成苗。但适宜切接的时间较短。具体操作如下：将接穗剪成长度 7～10 厘米，饱满芽离剪口上端面的距离应不超过 1 厘米。用左手握住接穗先端，使接穗的基部朝向外面，在基部侧面芽的下方 3～4 厘米处下刀，将接穗下端的外侧面较平的一面，用刀薄薄削去一层皮，长度为 3～4 厘米，深度以达到形成层为准。用刀太深或太浅，都不利于接穗成活。在砧木离地面 8～10 厘米处，先选择光滑、平直的部位，用锋利的修枝剪剪去砧木上部，用锋利的刀削平剪口，于平滑一侧，在木质部与皮层之间微带木质处，垂直向下切一刀，深与接穗长削面相同。把削好的接穗的长削面，对准砧木总切面，插入切口缝内，使两者在一侧的形成层相互密合。将接穗插入砧木接口的底部，并使接穗长削面露出断面 1～2 毫米，用宽 2～3 厘米的塑料薄膜带，自上而下将接口处及接穗捆缚好，要扎牢、扎密，以使接穗和接口能保湿。

**（2）劈接法**　劈接是利用劈接刀和木槌在砧木上劈出一道垂直的伤口，而后将处理好的接穗插入砧木伤口的一种枝接方法。

劈接法又称割接法。此法砧木和接穗之间形成层接触面增大，有利于成活，结合也比较牢固。较大的砧木或高接换种时，常用此法。砧木直径3厘米左右的，可接1个接穗；砧木较粗的，可接2～4个接穗。嫁接时，在砧木一定高度部位上，用手锯截去上部，削平锯口；砧木不太粗壮的，可用嫁接刀切开；大砧木宜用刀劈开。先将砧木离地8～10厘米的光滑、平直处，用锋利的修枝剪剪平，或用锯锯平。再从断面的中心处，用刀垂直切开深度为2～3厘米的伤口。将接穗剪成8～10厘米的小段，将下端的较平直的两侧面削成光滑的3～4厘米长的楔形削面。将削好的接穗的形成层与砧木一侧的形成层对齐，再将接穗插入切口至槽底。同时，使接穗削面露出1～2毫米，用宽2～3厘米的塑料薄膜带绑缚接口，并将接穗上断面用接穗用的蜡涂抹保湿。接穗要削成一面大、一面小的斜楔形。在砧木离地面5～10厘米处，选一个平滑侧面，约呈30°角，向下斜切一刀，深约4厘米，斜切口下端不能超过砧木的髓心。然后，把接穗插入砧木的接缝，使接穗与砧木形成层有一侧对齐，再用塑料薄膜带，缚扎嫁接口，要扎牢、扎紧、扎密，以便保湿。然后，在接口上方留3～5片叶进行剪砧，成活后再在接口上方1厘米处进行剪砧。

## （三）提高嫁接成活率的措施

影响杨梅嫁接育苗成活率的主要因素是砧木产生的伤流。杨梅多采用长穗多芽枝接法，剪砧后因砧木产生强烈的根压作用，上升的水分多，集中聚积在嫁接口，使接芽长期浸泡在水渍之中，影响愈合，接穗干枯死亡。因此，提高杨梅嫁接成活率，必须抑制伤流，采取缓势嫁接。

1. **大砧嫁接** 培育2～3年后的大砧木，具有明显的分枝。选择适宜的主枝多头嫁接，留一部分主枝不嫁接，作为辅养引水枝，缓解嫁接枝水分上升，减少伤流，促进伤口愈合。待接芽成活后，剪去辅养引水枝。

2. **高砧嫁接** 一年生小砧木生长旺盛，伤流重，要改过去低接习惯为留叶高接。在离地以上 15～20 厘米处嫁接，保留砧木基部部分小枝绿叶作为引水枝，既可减少接口伤流量，又可供给有机营养，提高成活率。接芽成活后，及时剪去引水枝，促进萌芽迅速生长。

3. **断根嫁接** 嫁接前，对砧木深锄或斜向内铲至根部，切断部分主、侧根，缓和根系吸收功能，使根系与地上部的生理相对平衡，减少伤流量。断根程度视砧木生长势。旺砧宜重，弱砧宜轻。一般距根颈以下 15～20 厘米，切断主根的 1/4～1/3。

4. **放水嫁接** 在嫁接前 15～20 天，剪去砧木顶端，待伤流停止后，再剪去伤流面进行嫁接；或者先在砧木嫁接部位以下的基部进行刻伤处理，抑制伤流上升。选择砧木萌芽生长伤流少的时期嫁接，也可提高成活率。

5. **就地嫁接，异地培育** 在苗圃内嫁接后，挖出修剪主、侧根另地移栽；或先挖出砧木苗，在室内嫁接后即行移栽；或选在室内培土保温保湿，催根后再移栽，可防止伤流，提高嫁接成活率。

6. **低位埋土嫁接** 就地低位嫁接，或掘苗低接移栽，深埋土。只露出接穗顶端 1～2 个芽，将砧木与嫁接口全部埋没，稳定温度、湿度，促进愈伤组织迅速形成，减轻伤流危害。

## （四）嫁接后的管理

1. **检查成活** 大多数果树嫁接后 10～15 天即可检查是否成活，春季温度低时间延长。接芽新鲜，叶柄一触即落的，即为生长季芽接成活。休眠期枝接、芽接后，枝芽新鲜，愈合良好，芽已萌动即为成活。

2. **解绑放风** 生长季芽接检查成活的同时进行松绑或解绑，秋季芽接的也可来年春季解绑。枝接在新梢萌发并进入旺盛生长以后解绑；较粗砧木枝接，先解除接穗上的绑扎物，接口愈合后再解除砧木上的绑扎物，特别粗的砧木可到第二年春天萌芽抽梢后解绑，这样既不妨碍生长，又利于愈合。嵌芽接，绑扎时应露出芽体，待新梢旺长后再解绑。枝接套袋保湿的，萌芽后先把袋上部撕破，进行放风，待新梢旺长后再去袋解绑。

3. **剪砧**　芽接成活后，剪去接芽上方砧木部分或残桩叫剪砧。剪砧时，修剪刀刃应迎向接芽一面，在芽上 0.3～0.5 厘米处剪截，剪口往接芽背面稍微向下倾斜，不留活桩。也可以二次剪砧，第一次在接口以上 20 厘米左右处剪去砧木上部，保留的活桩可作新梢扶缚之用，待新梢木质化后，再行第二次剪砧，剪去活桩。还可应用折砧，即嫁接后或成活后在接芽上方将砧木苗折倒，促使接芽萌发生长。待嫁接枝芽长到 10 多个叶片之后，再剪除接口上部砧木。7 月以前嫁接，成活后立即剪砧，接芽可当年萌发。但此法不能用于当年播种，当年嫁接的实生砧木苗上。因为剪砧后，砧苗的地上部和地下部失去平衡，关键是砧根得不到叶片的有机营养，而导致死亡。故以翌春剪砧为宜。

4. **补接**　嫁接未成活的，要及时补接。补接一般结合检查成活情况、剪砧、解绑同时进行。

5. **除萌和抹芽**　剪砧后，砧木上易长出萌蘖，应及时去掉，并且要多次进行，以减少养分流失。枝接成活后，抽生的新梢一般留一个，其他抹去；也可全部保留，按不同用途分别处理、培养。

6. **加强综合管理**　新梢长出后，生长前期要满足肥水供应，并适时中耕除草；生长后期适当控制肥水，防止旺长，使枝条充实。同时，注意防治病虫害，保证苗木正常生长。

# 四、其他繁殖方法

杨梅通过压条或扦插繁育苗木虽然也能保持母本的优良性状，同时结果早，但根系远不及嫁接苗的根系发达，苗木的综合性状远不及嫁接苗，因而在生产中应用很少。

## （一）压条育苗

杨梅用压条繁殖的繁殖系数和成活率较低，在生产上很少应用。目前应用的压条种类，依其压条部位离开地面与否大致分为高压与低压两种。

**1. 低压育苗** 通常在 3 月下旬至 4 月中旬进行，选择树冠低矮的母树，在树冠投影面积内松土，以沙和焦泥灰拌和作成平坦的地盘。选择接近地面的、粗度 1～2 厘米的生长粗壮、叶色浓绿、叶片完整的枝条作为压条，把准备压到地下的枝条部位进行刻伤或环状剥皮后再压入土中，压入土中深度约 15 厘米，使上部的枝条直立，不要损伤叶子，在地上部分保留长度 50～60 厘米的枝条，尽量使其直立，在土面上再压石块，以保持湿度。经一年左右在刻伤处长出较多的根，在 4 月起苗时使其与母株分离，于苗圃中再培育 1～2 年，种植到果园中，以后培育得法，几年后即开始结果。有的地方将 4～5 年生的幼树砍去树冠，使其发生萌蘖，再用堆土法进行压条，由于新抽的枝条，生活力强，发根较好。采用此法育苗，一株母树可以培育出 15～20 株苗木。

**2. 高压育苗** 高压育苗是在树冠上部进行的育苗。选择适当的枝条进行压条，待发根以后与母树切离，另行种植。高压育苗可以使结果提早，缩短营养期，简化育苗程序。

高压育苗的操作方法是，选择长 40～50 厘米、粗 2～3 厘米的枝条，在压条的部位进行环状剥皮，剥皮的宽度 3 厘米，在剥皮处的上下端 20 厘米长的部位内覆上潮湿的苔藓或湿土，苔藓或湿土外包一层薄膜，扎紧薄膜两端，以免水分散失。

压条以后的管理工作，主要是保持苔藓或泥土的湿润状态，如遇干燥要及时浇水。

冬季在薄膜的外部缚草保温，以防冻结。压条 30～40 天后在切口部位开始形成愈伤组织，以 4 月压条的愈伤组织发育最佳，在 11 月压条的，愈伤组织生长较差。在 3～6 月压条的，都是到 9 月上旬气温开始下降以后再发根，10 月压条的到第二年的 5 月才发根，以 6 月压条的发根时间最短，所以高压时期以 6 月为最佳。

## （二）扦插育苗

1. **圃地选择**　在坡度平缓的山地，四周用砖块砌成插床，床长不限，宽 0.8 米，床底垫厚度 10 厘米的碎石，再铺上厚度 10～15 厘米的山泥，以作扦插基质，后用 0.04% 的高锰酸钾溶液进行苗床消毒。

2. **插条选取**　以树冠外围的一年生春、夏梢或当年生的夏梢（半木质化），剪去先端不充实的部分，在枝条的基端紧靠 1 个节的下方，用刀削平，每插条留叶 3～5 片，长度 12～15 厘米。每百枝为 1 束，把枝基部浸在萘乙酸等生长素溶液中，约经 12 小时在插条基部呈现褐红色时取出。如浸的时间过长，基部会出现紫褐色，应用清水将其洗到红褐色为止。

3. **扦插时间**　春季扦插在 4 月中旬进行，夏季扦插在 7 月下旬进行。

4. **扦插方法**　插条的行株距为 10 厘米×8 厘米，将插条的一半长度插入基质中，插后即浇水，使枝土密接。上搭薄膜棚两层，低棚呈拱形，中间最高点离床面 0.8 米，高棚高度 1.8 米，其顶部覆盖两层芦帘，棚四周再挂一层芦帘。

5. **插床管理**　床内温湿度调节，主要靠棚膜的开闭和浇水来控制。在 4 月下旬至 6 月下旬，棚内温度控制在 25～28℃，插后两个月内相对湿度保持在 90%～95%，以后再降至 85% 左右。在一般情况下，春秋两季每月浇水 1 次，夏季须每周 1 次。盛夏温度过高时，可暂时揭去棚膜，必要时每天淋水 1 次，在 6 月上旬至 9 月上旬各喷洒 1 次波尔多液防病。

6. **成活因素**　杨梅扦插苗能否发根成活，除与苗床管理技术密切相关外，还受以下因素的影响。

**（1）棚膜的色泽和生长素浓度**　据试验，在黄色棚膜下，用200毫克/升的萘乙酸处理插条基部的发根率达51.5%；用50毫克/升的萘乙酸处理的发根率为22.7%；清水（对照）处理的发根率为4.8%。在白色棚膜下，用200毫克/升萘乙酸处理的发根率为12.1%；50毫克/升的萘乙酸处理的发根率6.1%；清水（对照）处理的发根率3.5%，说明黄色棚膜有助于扦插苗发根。

**（2）扦插基质种类**　据试验，不同的基质对扦插发根有不同的效果。用山泥作基质的发根率达50%，而以珍珠岩作基质的发根率21%，用砻糠灰作基质的则不发根。

# 五、苗木出圃

苗木经过一定时期的培育，达到移栽定植的规格时，即可出圃。苗木出圃是杨梅育苗工作中的最后一个环节，出圃工作的好坏与苗木的质量和栽植成活率有直接的关系。因此，必须持认真负责的态度，按苗木出圃的操作技术规程，保证苗木出圃质量。秋末冬初对圃内的苗木进行调查，核对苗木的种类、品种、数量，准备包装材料和运输工具，确定临时假植和越冬的场所，做好出圃的准备。

杨梅嫁接苗按年龄可分为一年生苗和二年生苗，一年生苗伤根少，成活率高。一年生苗若当年未及时出圃或等外苗留圃继续培养一年，即成为二年生苗。

## （一）出圃苗的质量要求

苗木质量的好坏直接影响栽植的成活率。

1. **苗木质量**　出圃苗应具备的条件：苗木根系发达。主要是要求有发达的侧根和须根，根系分布均匀；茎根比适当，高粗均匀，达一定的高度和粗度，色泽正常，木质化程度好；叶片完整，无病虫害和机械损伤。

2. **出圃苗的规格要求**　根据浙江果树苗木分级标准，杨梅一级苗的规格要求是干粗（在第一次梢基部2厘米处测量直接）≥0.6厘米，苗木高度（为嫁接口至植株顶芽的长度）≥40厘米，在规定高度内有3个以上分枝；杨梅二级苗的规格要求是干粗直径≥0.5厘米，苗木高度≥30厘米，在规定高度内有2个以上分枝。

## （二）苗木出圃

苗木出圃包括起苗、假植、包装与运输及检疫和消毒等。

1. **起苗**　起苗又称掘苗。起苗作业质量的好与坏，对苗木的产量、质量和栽植成活率有很大影响，必须重视起苗环节，确保苗木质量。

**(1) 起苗季节**　起苗时间与栽植季节相结合，要考虑到当地气候特点、土壤条件、树种特性等确定。除夏天高温季节外，一般可根据生产需要起苗，不过春季是最适宜的起苗季节。

**(2) 起苗方法**　杨梅起苗方法一般为裸根起苗。挖苗时沿着苗行方向，距苗行20厘米处挖一条沟，沟的深度应稍深于要求的起苗深度，在沟壁下部挖出斜槽，按要求的起苗深度切断苗根，再从苗行中间插入铁锹，把苗木推倒在沟中，取出苗木。起苗质量对保证栽植成活率至关重要，起苗时应注意：起苗深度适宜，实生小苗深度20～30厘米，扦插小苗深度25～30厘米；不在阳光强、风大的天气和土壤干燥时起苗；起苗工具要锋利；起苗时避免损伤苗干和顶芽。

2. **苗木假植**　假植是将苗木的根系用湿润的土壤进行埋植。目的是防止根系干燥，保证苗木的质量。起苗后如能及时栽植，不需要假植。但若起苗后较长时间不能栽植则需要假植。假植分临时假植和长期假植。起苗后不能及时运出苗圃或运到目的地后未能及时栽植，需进行临时假植。临时假植时间一般不超过10天。秋天起苗，假植到第二年春季栽植的称长期假植。假植的方法是选择排水良好、背风、荫蔽的地方挖假植沟，沟深超过根长，迎风面沟壁呈45°角。将苗成捆或单株排放于沟壁上，埋好根部并踩实，如此依次将所有苗木假植于沟内。土壤过干时适当淋水。越冬假植应在苗上适当覆盖，以保湿保温。

### 3. 苗木包装与运输

**（1）苗木的包装** 常用浆根代替小苗的包装。做法是在苗圃挖一小坑，铲去表土，将心土挖碎，灌水拌成泥浆，泥浆中可放入适量的化肥或生根促进剂等。事先将苗木捆成捆，将根部放入泥坑中蘸上泥浆即可。

**（2）苗木的运输** 长途运输苗木时，为了防止苗木干燥，宜用麻袋、草帘、塑料膜等物盖在苗木上。在运输期间要检查包内的湿度和温度，如果包内温度高，要把包打开通风，并更换湿草以防发热。如发现湿度不够，可适当喷水。为了缩短运输时间，最好选用速度快的运输工具。苗木运到目的地后，要立即将苗打开进行假植。但如运输时间长，苗根较干时，应先将根部用水浸一昼夜后再行假植或直接及时定植。

### 4. 苗木检疫和消毒

**（1）苗木检疫** 苗木检疫的目的是防止危害植物的各类病虫、杂草随同苗木传播扩散。苗木在省与省之间调运时，必须经过有关部门的检疫，对带有检疫对象的苗木应进行彻底消毒。如经消毒仍不能消灭检疫对象的苗木，应立即销毁。所谓"检疫对象"，是指国家规定的普遍或尚不普遍流行的危险性病虫及杂草。

**（2）苗木消毒** 带有检疫对象的苗木必须消毒。有条件的，最好对出圃的苗木都进行消毒，以便控制其他病虫害的传播。消毒的方法可用药剂浸渍、喷洒或熏蒸。一般浸渍用的杀菌剂有石硫合剂（浓度为4～5波美度）、波尔多液（1.0%）、升汞（0.1%）、多菌灵（稀释800倍）等。消毒时，将苗木在药液内浸10～20分钟。或用药液喷洒苗木的地上部分。消毒后用清水冲洗干净。

# 第四章

# 杨梅建园技术

## 一、园地选择与规划

杨梅是常绿果树，集中分布在亚热带地区。最适气温为15～20℃，绝对低温－13℃左右也能生长。园地水分充足，气候湿润时，则杨梅树体生长健壮，寿命长，结实多，果实大而味甜，要求降水量至少在 1 000 毫米以上。生态环境对杨梅生长发育的影响是各生态因子综合作用的结果，应抓住主要因子综合考虑，制定相应技术措施，科学规划，务实建园①。

### （一）园地选择

杨梅园应选择海拔 ≤800 米，坡度 ≤45°，腐殖质层厚的黄壤、红黄壤，交通运输方便的山地、丘陵地等建园，以便于集约经营。在光照辐射较强、热量充分、冬春季积温较高、4～6 月降水较多、夏秋降水偏少的小气候条件下，更利于杨梅优质、丰产。

#### 1. 地势

**（1）山地果园** 相对高度在 200 米以上的地形为山地。山地杨梅由于光照充足、通气良好、昼夜温差大，因而树势强健、结果良好、果实着色好、含糖量高，且耐贮藏。但由于海拔高度、

---

① 任礼. 红杨梅栽培与建园规划 [J]. 安徽林业，2003 (4)：18.

地形坡向等条件的不同，杨梅生长常受到不同程度的影响，最明显的表现为种类呈垂直分布。此外，不同坡向、坡形、坡位的光照、温度及土壤条件不同，也使杨梅在生长发育、果实品质等方面存在着差异。因此，山地建园应选择小地形、小气候条件良好，海拔在 500 米以下山麓地带和低位地带。这些地带不仅适宜杨梅生长发育，同时交通方便，便于管理和运输。但不宜在山谷或低洼地建园，以防冷空气沉积而使树体遭受霜冻危害。

**（2）丘陵果园** 丘陵地是介于平地与山地之间的一种地形，相对高度在 200 米以下，其主要特点是坡度较山地小，阳光较平地充足，空气流畅，排灌方便，昼夜温差大，是发展杨梅生产的主要区域之一。在丘陵地栽培，交通方便，便于管理和运输；果树寿命长、结果早、丰产、稳产，果实着色好、品质优良、耐贮藏。但由于地势起伏，具有一定的坡度，使建园和水土保持工程以及水利设施等比较费工、投资大。实践证明，在丘陵地，一般以 5°～10° 的缓坡地建园最为理想，投资少、收益快、效益高。

**2. 土壤** 丘陵、山地等土壤多属于红、黄壤或紫色土，这类土壤一般较黏重，排水不良，透气性差，虽可用于杨梅栽培，但必须经过改良，才能使根深叶茂，高产、稳产。

紫色土含磷、钾较丰富，有利于促进杨梅健壮成长，但有机质和氮素含量较低，风化程度低，土层很薄，质地较黏重，水土流失严重；如经爆破深翻改土后，并增施有机肥，可建成高质量的果园。山地一般石砾过多，其通透性强，土壤含水量少，容易受旱。但土壤含适量的石砾，形成砾质壤土，则排水通气良好，有利于杨梅根系生长。

**3. 立地生态条件** 建园应尽量保留杨梅园周围的植被，维护四周的生态环境，有利于杨梅的生长结果。维护果园四周的植被有利于空气相对湿度的均衡，并为害虫的天敌生物留存提供场所。同时山顶保留原有植被，有利于降低太阳辐射强度和风速，有利于杨梅的生长发育，减少水土流失。

## （二）园地规划

园地规划前，应先做好调查研究和实地勘察；规划时再考虑品种和栽培技术的发展趋势、当地的自然条件、农业产业结构，从全面的观点以及自身的条件来决定。园地的布局要相对集中连片，同时要考虑园、林、水、路和建筑物的配套建设，统一规划，同步实施。

1. **小区划分**　为便于水土保持和经营，当建园面积较大时，应把全园划分成若干种植区，划分小区应以品种、品系按山头坡向划分，最好不要跨越分水岭，并尽可能使一个小区的土壤、气候、光照条件大体一致，尽可能便于营造防护林，方便果园运输。若地形复杂，小区面积可以小一些，一般为 1~2 公顷；若为缓坡地，小区面积以 2~3 公顷为宜；若为平川地，小区面积以 3~6 公顷为宜。

小区形状可根据果园具体情况而定，一般以长方形为宜。若在山区，小区长边应与等高线平行或与等高线的弯度相适应；若是梯田，果园应以坡、沟为单位小区。

2. **道路设置**　园区道路规划的原则为便于交通运输和果园管理，由干路、支路和小路 3 级组成。干路内通各大区和各项设施场所，外接公路，路宽以能通过汽车为原则，5~6 米。支路要连接干路，是通往各小区的主要道路，路宽以能通过小型拖拉机为标准，2~3 米。小路是人行和手拉车通道，外连支路，内通各个园地，要求路宽 1~1.5 米。其中干路和支路应环山盘曲而上。根据园区地形情况，尽可能将道路设置与小区划分结合起来，使干路成为小区的分界线，支路和小路成为小区内的通道。这样便于管理通行和运输物品。

3. **防风林系统**　防护林能阻挡气流，降低风速，减少风害，减少土壤水分蒸发，减少地表径流，调节温度，增加湿度，改善小气候等。防护林的方向与距离应根据主风方向和具体风力而定。一般主林带与主风方向垂直，栽植 4 行以上；副林带与主林带垂直，栽植 2~4 行树；防护林可在建园前或开园时营造，树种可采用杨树、枫树、洋槐、皂角、核桃、樟树、青冈栎、紫穗槐、荆条、枸杞、女贞、毛樱桃等，也可保留园区周围自然植被为防护林。林带建在果园北侧，与果树保持 8~10 米的距离。林带与果树间的空闲地，可以种植绿肥及其他矮秆作物。

4. **水利设施建设**　水利设施建设以有利于水土保持为原则，以蓄为主，能蓄能排。在林木与果园交界处，开一条环山防洪沟，连接排水沟，防洪沟大小视上方积水源面积而定。果园上方无水源的，应逐步创造条件，建成提水上山的配套工程，以便抗旱灌溉。

排水沟应根据地形、地势、梯面比降和方向，从上而下地设置，直沟的宽和深均为 50~60 厘米，可设置在道路两侧。为减缓流水冲力，可迂回而下，每隔 3~5 米设跌水坑及拦水坝，沟底沟壁，最好用石块砌成，或让其自然生草。每行梯田内侧，均需开设梯后台壁沟，沟宽 30 厘米，深 20~30 厘米。每隔 2~4 株挖一小型蓄水池，或筑一小土坝，连接而成竹节沟，使大水能排，小水能蓄。

沿排灌系统宜配置蓄水坑，每公顷建造 30 米$^3$ 蓄水坑 1 个，以解决喷药、施肥、抗旱用水。

5. **管理机构设置**　果园管理机构的建筑，包括办公场所、生活区、畜牧场、仓库、工具房、包装场、贮藏库、停车库等，这些都要安排在交通方便的地方。另外，还要考虑粪池、沤肥坑和蓄水池的建设，以方便施肥、灌水和用药。

# 二、整地

杨梅建园时，应进行整地，一般整地采用修筑等高梯田、等高撩壕和鱼鳞坑等方法。

## （一）等高梯田

在 10°~25°的坡地上，适于修筑梯田。应预先在斜坡上，按等高差或行距，以 0.2%～0.3% 的比降，测出等高线。一般按等高定线时，要自下而上修筑，先沿着最低一条等高线，进行清基工作。清基的深浅根据土层的厚薄而定。石壁梯田，一般深度为 0.5～1.0 米。清基宽度，应随着梯壁的加高增大，一般为 0.3～1.5 米。在构筑梯田壁时，必须边翻土，边培土，将上坡的土，翻到下坡，使梯田向内倾斜 3°～5°，再进行深翻，使整个梯田土壤疏松。

## （二）等高撩壕

等高撩壕是坡地果园改长坡为短坡的一种水土保持的措施，适用于坡度为 6°～10° 且土层深厚的坡地。在坡面上，按等高线挖沟，挖出的土壤堆放在山坡沟旁，进行筑壕（垄）。将杨梅树沿着等高线，在撩壕外坡栽 1 行。一般，撩壕宽度为 50～70 厘米，沟深为 30 厘米，沟内每隔 5～10 米，修筑一个缓水埂，形成竹节状。撩壕高度和沟深度大致相同，撩壕的外坡要稍长于撩壕的内坡，壕宽要略大于沟宽。

## （三）鱼鳞坑

如地形复杂，不适于修筑水平梯田和撩壕，可修筑鱼鳞坑，以保持水土。具体方法是：在等高线上确定定植点，以定植点为中心，从上部挖土，修成外高内低半月形小台田，台田的外沿，用石块或土堆砌。种植杨梅的行株距规格，常采用的株行距大小为 4 米×5 米、6 米×4 米和 5 米×4 米。鱼鳞坑直径为 2 米，其中种植穴的直径为 1 米，深为 80 厘米。其具体做法是：在确定定植穴之后，刨开土层，露出岩石，然后用钢钎或电钻在离定植点 30～40 厘米处，与地面成 65°～75° 角，往下钻孔，孔深 1.0～1.2 米，装上带雷管的炸药 1～2 节，即可爆破（闷炮），但一定要按操作技术规程进行，注意安全。

# 三、定植

杨梅定植要充分考虑定植时期、定植方法、定植密度和定植方式。

## （一）定植时期

杨梅易遭冻害或因低温不能萌发新根而干死，故以春栽为主，即 2 月上旬至 4 月上旬栽植。定植以无风阴天天气为宜。

## （二）定植密度

栽植密度应根据品种特性、营养生长期的长短、砧木种类、果园地势、土壤肥瘠、当地气候条件和管理水平等诸多因素而定。合理的栽植密度应以最充分利用土地和光照、获得最大的经济效益为标准。一般杨梅每亩栽 16～33 株，其株行距多为 7 米×5 米、6 米×5 米、6 米×4 米、5 米×4 米等几种，东魁杨梅、晚稻杨梅株行距可适当增大，其他品种株行距可适当减小。

一般来说，品种生长势强，所处地区营养生长期长，地势平坦，土壤肥沃，肥水充足，栽植的密度应大些；而土地贫瘠，栽植的密度应小些。气候炎热、土层较深的地区可定植稀一点；土层较浅、坡地较陡峭的地区可定植密一点。

## （三）定植方式

定植方式应本着经济利用土地、便于田间管理的原则，并结合当地自然条件来决定定植方式。常见的定植方式有以下几种。

1. **长方形栽植** 大多数果园采用长方形栽植，因为长方形栽植的行距大于株距，通风透光好，便于管理和机械化操作。

2. **正方形栽植** 正方形栽植是行距和株距相同的栽植方式，虽然此法便于管理，但不宜用于密植和间作。

3. **三角形栽植** 三角形栽植是株距大于行距，定植穴互相错开成为三角形的栽植方式，此方式适用于山区梯田和树冠小的品种，但不便管理和机械化操作。

4. **带状栽植** 带状栽植是两行为一带，带内行距小、带间行距大的栽植方式，此定植方式便于田间操作。

5. **单穴多株栽植** 单穴多株栽植是每个定植穴内定植 2～3 株苗木的栽植方式，优点为有利于树体早成形和早期丰产，但不利后期生长和结果。

6. **等高栽植** 山地果园多为水平梯田，其株行距应按梯田的宽窄而定。株距要求在同一等高线上，行距可根据梯面的宽度进行加行或减行。

## （四）定植方法

定植前，应根据定植密度和定植方式用拉绳或皮尺依株行距测定的方法来确定定植穴的位置，然后挖深1米、直径1米的定植穴。挖定植穴时，挖出的表土放在株间，而底土放在行间。如果底层有胶泥层的土壤，应进行深翻，以打破胶泥层，有利于根系生长和树体正常发育。挖好定植穴后，将每穴表土掺入50千克农家肥填至与地表相平，然后利用行间底土修出树盘并灌水，使回填土下沉，下沉后根据品种安排发放苗木并定植。

定植时应选择品种纯正、砧穗愈合良好、根系发达、苗木新鲜强健、无病虫害的壮苗进行定植。大苗移植或近距离定植均须带土。长途运输的苗木，必须认真做好苗木包装，运到栽植地后，在栽植前需把根部浸湿，然后再进行松包和定植。

定植前，要适当剪去过长和过密的枝梢，剪去受损根部，注意伤口平齐，将过长的须根剪短，再蘸上黄泥浆。定植时，最好选择温暖的多云天气，切忌在刮西北风的天气进行。苗木放入穴内后，要校正距离，对齐横行和直行，并将苗木放正，使须根向四周伸展，避免弯曲。砧木接口放在背风方向，以防吹折，而且有利于接口愈合。然后，将细土逐渐填入根部，随填土随捣实。

在填土到一半时，施入焦泥灰，再填土踏实。最上层的覆土厚度，要高于地面 20 厘米左右，并使苗木的嫁接口，露出土表为度。定植时，苗木不能栽植过深，因为过深会使根系通气不良或接口埋入土下面引起腐烂发病。苗木定植后，应浇足定根水。浇水后，盖一层松土，铺地膜，以减少水分的蒸发。

做好定干工作。即在苗木中心干嫁接口以上 25～30 厘米处剪去顶梢，促使下部抽发新梢，然后再选 3～4 个强壮新梢作主枝。若苗木已有分枝，离地面有一定高度且平面夹角适当的可留作主枝外，剪去离地过近或角度不适宜的多余枝条。

在近距离种植杨梅时，可保留叶片或仅剪去顶部少量叶片，以减少蒸发，提高栽植成活率；若苗木需长途运输或邮寄的，需将叶片全部去除，否则树体易失水严重，栽植成活率难以保证。

## （五）栽后管理

1. **浇水除草**　定植初期只可浇水不宜施肥，即使是稀薄的肥料也会引起根系腐烂，严重时造成植株死亡。定植后若出现连日晴天，高温日照，土壤干燥时，要注意连续浇水和地面覆盖。5 月，幼树附近的杂草丛生，需清除幼树树冠附近的杂草；梅雨季节后期，再除草 1 次。8 月，高温干旱不宜除草。

2. **补栽**　春季发芽后，要认真检查苗木的成活情况，对于死亡的苗木要查清原因，并及时补栽。

3. **防高温避烈日**　定植当年，根系生长弱，7～8 月高温炎热季节，要注意灌水和割草覆盖，防止水分蒸发，盖草要与树干保持一定距离，以免引来害虫危害树体。幼树上搭小棚，覆盖 50%～60% 透光度的遮阳网，以免烈日照射。

4. **巧施薄肥**　苗木成活后应及时追施薄肥，以满足每年 2～3 次抽梢长叶的需要。特别是定植时未施基肥的，更应在成活后及时追肥。肥料以稀薄的人畜粪尿或 1% 的三元复合肥液为好，每株施 2～3 千克，对山高坡陡、水源不便的杨梅园，也可在雨后穴施尿素或三元复合肥，每株 50～100 克。幼龄树追肥要求一年 2～3 次，即每次抽梢前施入，以促进生长。

## （六）提高定植成活率的技术措施

### 1. 造成成活率低的原因

**（1）苗木质量问题** 一是苗木过于细弱，根系欠发达；二是起苗后未能及时定植，远途调运时未能做好保湿工作。

**（2）留叶过多** 栽植前叶片未剪除或剪除太少，由于大量蒸发，造成水分入不敷出，以致脱水死苗。

**（3）栽植不当** 一是栽植过浅，嫁接口及其以下主干露出土面，不仅降低了抗旱能力，而且使嫁接口及其以上枝干遭受烈日暴晒，影响嫁接口的继续愈合和主干的正常生长；二是栽植时土壤与根系未能紧密接触。

**（4）栽植后干旱** 新建的山地果园土壤保水性差，如连续晴 10 天左右，就会出现不同程度的旱情，造成死树。

**（5）栽植后施肥不当** 初栽杨梅根系少，不易吸收肥料，如直接栽在未腐熟厩肥上，或施肥距离根系过近，或肥料浓度过高，常常会导致根系灼伤，引起死树。

### 2. 提高成活率的措施

**（1）选用壮苗** 为提高成活率，应选用生长健壮、根系发达的苗木栽植。远距离运输的苗木应用泥浆蘸根、苔藓保湿，根部用薄膜包裹好，运输途中需盖好篷布，避免风吹、日晒、雨淋，以防苗木脱水或湿度过大而灼伤，影响成活。同时，还需注意，苗木上有雨水时不能起苗。

**（2）及早定植** 杨梅是常绿果树对定植时期要求较严格，在没有冻害的前提下应及早定植，具体时间为 2 月中旬至 4 月上旬。选择阴天定植，更有利于提高成活率。

**（3）采用小穴随栽法** 若杨梅山高地远，管理不便，可不开大穴，不施基肥，而采用小穴随栽法。这种未经开垦的生荒地，土质结实，土壤湿润，保墒性能好，可使苗根较好地与土壤接触，苗木成活率高，生长快。

**（4）科学栽植** 栽植时注意嫁接口与地面相平，掌握浅栽深培土原则，深浅适度。栽植过深时，土壤通透性差，不利于根系生长扩展，以后地上部分长势也弱，而且接口埋入土中易引起腐烂发病；过浅，则易受强烈阳光及干旱的威胁，尤其是当年7～8月高温干旱季节，易导致失水干枯死亡。

**（5）防旱、防晒** 杨梅性喜阴湿，忌高温干燥和烈日暴晒。定植后应随即浇1次透水。为避免烈日暴晒，定植后应随即搭棚或插树枝遮阴，苗木根部压大石头保墒。进入高温干旱期前，用柴草覆盖，以降低地表温度，减少土壤水分蒸发。由于杨梅树较耐阴，一般山上有松树、枫香等生长，有遮阴的效果，则苗木成活率高，果实品质好。因此，对果园里原有松树、枫香树等落叶树木，应适当保留，也可间种柿、薄壳山核桃、板栗等经济果树，既可为杨梅树遮阴，又可增加收益，尤其是朝南山坡更有必要保留。

**（6）改施叶面肥** 初栽杨梅根系少，吸收肥料的能力弱，所以苗木栽植后第一年也可不进行土壤施肥。水源方便的杨梅园可采用叶面喷肥。叶面肥采用0.2%磷酸二氢钾，或0.2%硫酸钾，或1%过磷酸钙浸出液，每2个月喷施1次，肥料交替使用。

# 四、配置授粉树

杨梅属典型的雌雄异株果树，风媒花。据文献记载，花粉可飞越4～5千米。为使杨梅果实丰产、优质，在建园时应配栽1%的杨梅雄株，最低限度不得少于0.5%[①]。雄树定植位置除注意适当均匀分布外，应尽可能定植在花期的上风口。如产地已有野生雄株，可保留作为授粉树。

---

① 吴相祝，周志明.怎样矫治杨梅不结果［J］.浙江林业，1995（5）：19.

# 第五章

## 杨梅整形修剪技术

### 一、概念及意义

#### （一）整形修剪的概念

果树的整形修剪包括整形和修剪两个方面。整形是根据不同果树种类的生长结果习性、立地条件、栽培制度、管理技术及不同的栽培目的等，在一定的空间范围内，培育一个较大的有效光合面积，使之能负担较高的产量，形成便于管理、美观的合理树体结构。修剪是根据不同果树种类的生物学特性或美化和观赏的需要，通过人工技术或使用化学药剂，对果树的枝干进行处理，促进或控制果树新梢的生长、分枝或改变生长角度，使之成为符合果树生长结果习性或有观赏价值的树形，以改善光照条件、调节营养分配、转化枝类组成，调节或控制果树生长和结果的技术。整形是通过修剪完成的，修剪是在一定的树形的基础上进行的。因此，整形和修剪是密不可分的两个方面，也是果树在良好的栽培管理条件下，获得优质、丰产、高效、低耗所必不可少的技术措施。

不同种类果树应根据其生长结果习性、树龄、长势，以及不同的立地条件、土肥水管理、病虫害综合防治等情况进行整形修剪。只有结合这些因素，综合运用整形修剪技术，才能获得理想的经济效益。

## （二）修剪的意义

果树修剪在杨梅的栽培管理中具有重要的意义，主要包括以下几个方面。

**1. 缩短初果年限、延长经济寿命**　果树进入结果期的早晚和早期产量的高低，因品种的生物学特性和土肥水综合管理及病虫害的综合防治水平而异。因此，采取相应的修剪技术措施，可以缩短初结果年限；对不易成花坐果的品种，采用加大骨干枝角度、轻剪缓放、多留枝及夏季修剪等措施，可促使提早成花结果。

在同一果树中，开花结果的难易程度因枝条的类型和着生方位而异。长枝的停止生长时间晚，营养消耗多，积累少，不易成花；中、短枝停止生长早，营养积累多，消耗少，较易成花。在同类枝条中，生长势不同，着生方位和延伸方向不同，成花的难易和成花数量也不一样。此外，枝条的开张角度不同，成花坐果的情况也不一样。为促进成花坐果，可以采用修剪措施来改变枝条的延伸方向，达到缓和其长势，促生中、短枝成花坐果。如为促进生长，加速树冠扩大，可适当重剪，减少总枝量，促生长枝生长；对于进入盛果期的大树，则修剪的原则为保持结果枝、预备枝和更新枝的比例适当，平衡生长与结果的关系，延长盛果年限；对进入衰老期的果树，则需通过更新复壮修剪，达到延长结果年限的目的。

**2. 改善树体光照条件**　光照时间和光照强度对杨梅产量的影响很大。整形修剪通过采用合理的树形，并开张骨干枝角度，适当减少骨干枝，降低树高和叶幕厚度，从而改善树体的通风透光状况，增加有效叶面积，因此提高了果树光合效率；再如对幼树和旺树，采取轻剪长放多留枝，改变枝条的延伸方向，调节枝条密度等，增加树体营养积累，利于成花结果，提高早期产量。

**3. 改善树体营养水平**　修剪可以提高树体的代谢能力，改善树体营养水平。尤其是对盛果期的杨梅大树，可以明显地改善其通风透光条件；疏除弱树的部分弱枝或花芽，可以减少消耗，增加全树营养物质的积累，有利于增大全树的叶面积和总根量，又促进了整个树体的生长发育。修剪还能提高酶的活性和产生过氧化氢酶，而过氧化氢酶的产生，又可以消除新陈代谢过程中所产生的过氧化氢对树体的危害，从而提高果树的代谢能力。

4. **影响树体营养的分配和运输**　生长和结果与杨梅树体内营养物质的含量、类别、分配、运输及激素等直接相关，而合理地进行整形修剪，能够调节和控制营养物质的分配和利用，从而调节果树的生长和结果。果树的生长和结果，以及树体内营养物质的分配和运转，还与内源激素有关。在自然情况下，一般是新梢顶部的激素含量较多，因而能够抑制侧芽萌发。但是，如果将枝条的顶部剪去，消除顶端优势排除内源激素对侧芽的抑制作用，则可促进侧芽的萌发。如果在芽的上方施行刻伤，或对枝条进行环剥，中断了枝条先端内源激素向下输送的通道，也能刺激下部侧芽萌发。此外，拉枝、开角和曲枝、别枝等，也都能影响内源激素的分配和输导。因此，利用这些修剪措施，也可以促进侧芽的萌发，增加短枝数量，而有利于成花结果。

5. **影响树体的生长和结果**　果树的生长和结果之间是相互制约又相互促进的。在一定的条件下，还可以互相转化。果实需着生在具有一定叶面积的枝条上，只有一定数量的枝条和叶片，才能制造足够的营养物质，供果实生长发育，并形成花芽用于次年继续开花和结果。因此，生长是结果的基础，结果是栽培的目标。

对幼龄果树进行修剪不宜过重，应采取较轻的修剪措施，以免因营养生长过旺而影响花芽的形成。适当多留枝条，促其健壮生长，迅速扩大树冠，增加总枝叶量和有效短枝的数量，为优质丰产奠定基础。果树进入结果期以后，如结果数量过多，营养消耗过量,除果实不能充分膨大外,树体的营养生长也要受到抑制,造成树体营养亏损,而削弱树体长势或出现大小年结果的现象。通过修剪,可以有效地调节花芽和叶芽的比例,保持生长和结果的相对平衡,改善通风透光条件,增加树体的营养积累,延长盛果年限。对进入衰老期的果树,修剪时应注意对主枝、侧枝和结果枝组及时更新复壮,充分利用徒长枝,更新骨干枝或培养为结果枝组,改善树体的营养状况,促进营养生长,延长经济结果年限。

6. **提高树体抗逆能力** 果树一经定植,便要在一个地方生长十几年、几十年甚至上百年,由于这种长期性和连续性的特点,大大提高了果树遭受病虫侵袭和不良环境条件影响的机会。合理的整形修剪,有利于保持良好的通风透光条件,提高树体对环境的适应能力和抗逆性;在修剪过程中,及时剪除衰老枝,病虫枝,减少病虫危害和蔓延的机会,使果树少受或免受其害,维持稳定的产量。

7. **提高果品产量** 合理的整形修剪,可以调节全园杨梅树体的长势,以便发挥全园的总体生产能力。通过整形修剪,还可保持单位面积上一定的枝量,保持发育枝和结果枝的适宜比例,并使其配置合理,分布均匀,长势均衡。同时,注意疏花疏果,对克服大小年结果现象的发生,提高并保持杨梅果品连年优质、丰产,有明显效果。

8. **改善果实品质,提高商品价值** 合理的修剪,可使不同年龄阶段、不同长势及不同树冠大小的杨梅树,都能负担相应的果实产量。根据枝条的着生位置、延伸方向、开张角度、粗细以及占有空间的大小和历年的结果情况等,确定合理的留果量,使各株树之间以及同一株树的各主枝,都能合理负载。这样,所结果实发育均衡,大小整齐,商品质量高。如果枝量适宜,又能保持良好的通风透光条件,结在树冠内外的果实,都能获得充足的光照,从而提高一级果率。

# 二、整形修剪技术

## （一）整形修剪方法

杨梅的休眠期修剪在 10 月下旬到翌年 1 月上旬进行，生长期修剪在 8～9 月进行。其他时间除挂果期外，都可以进行修剪，但以采果后 6 月修剪最好。基本修剪方法包括疏剪、短截、缩剪、长放、曲枝、刻伤、抹芽、疏梢、摘心、剪梢、扭梢（枝）、拿枝、环剥等。了解不同修剪方法及其作用特点，是正确采用修剪技术的前提。

1. **疏剪**　疏剪又叫疏删或疏枝，即将一年生枝梢或多年生枝从基部疏除。其特点是对剪、锯口上部枝梢有削弱作用，即上部枝成枝力和生长势受到削弱；对下部枝芽有促进作用，距伤口越近，作用越明显；对母枝则有显著的削弱作用，且疏删枝越粗，其削弱和促进作用越大。但如疏除的是衰弱枝、无效枝或果枝，则总体上有促进作用。疏删具有减少分枝的作用，能显著改善树冠内光照条件，缓和生长势，有利于促进结果和生产优质果品。利用疏删对母枝有较强削弱的特点，可用于调节枝条的主从关系和均衡树势，对强枝应多疏粗壮枝，弱枝则少疏或不疏。

2. **短截**　短截也称短剪，即剪去一年生枝的一部分。短截的基本特点是对剪口下的芽有刺激作用，以剪口下第一芽受刺激最大，其新梢生长势最强。短截可分为轻（剪去部分枝长小于 1/3）、中（枝长 1/3～1/2）、重（枝长 1/2～2/3）和极重（大于枝长 2/3 至基部只留 1～3 芽）短截。随着短截加重，其萌芽力提高，成枝力增强，但绝对萌芽数降低，成枝数一般以中截最多。对母枝则有削弱作用，即短截越重，母枝增粗越少。

为增加分枝、扩大树冠、建造坚硬骨架时，常采用短截修剪。但短截过多容易使树冠内枝梢密度增加，光照变差，不利于由营养生长向生殖生长转化，也不利于提高果品质量。平时常说的"修剪过重"，主要指的就是短截运用过多。

3. **回缩** 回缩也称缩剪，即对多年生枝进行短截。其特点是对剪口后部的枝条生长和潜伏芽的萌发有促进作用。其具体反应与回缩程度、留枝强弱、伤口大小有关。如回缩留壮枝，伤口较小，回缩适度，可促进剪、锯口后部枝芽生长；回缩留弱枝，伤口大，剪得过重，则可抑制生长。回缩的促进作用，在骨干枝、枝组趋于衰弱时，常用此法进行更新复壮。削弱作用常用于骨干枝之间调节均衡和控制辅养枝上。

4. **抹芽、除萌和疏梢** 抹芽是指抹除一年生枝上多余的萌芽，多年生枝上称为除萌，疏除新梢叫疏梢。杨梅树枝杈间、剪锯口或骨干枝背上冒出的萌蘖也需抹除。其主要作用是选优去劣，除密留稀，节约养分，提高留用枝梢质量。夏、秋季节疏除直立过密新梢，能显著改善树体光照条件，提高花芽分化质量。疏除新梢对母枝和树体都有较强的削弱作用。

5. **摘心和剪梢** 摘心是摘除幼嫩的梢尖，剪梢还包括剪除部分成叶枝梢在内。摘心和剪梢均可削弱顶端优势，暂时抑制新梢生长，促进其下侧芽萌发生长，增加分枝。其具体反应视新梢生长状况、修剪程度而定。通常，在新梢迅速生长期反应强烈，修剪程度适中刺激发梢较好。摘心和剪梢在果树生长季修剪中应用较多，主要用于促进二次梢生长，增加分枝，促进花芽的形成；摘心或剪梢，能改变营养物质的运转方向，有利提高坐果率，促进枝芽充实成熟，有利越冬。摘心和剪梢是在生长季中进行，作用时间有限。因此，必须在养分调整的关键时期进行。

6. **长放** 长放也称甩放，即一年生长枝不剪。修剪中不是任何长枝都可长放，一般与枝的生长势、姿态有关。中庸枝、斜生枝和水平枝长放，由于顶端优势弱，留芽数量多，易发生较多中、短枝，有利于养分积累和促进花芽形成。强壮枝、直立枝、竞争枝由于顶端优势强，长放后母枝增粗快，易扰乱树形，因此不宜长放；如要长放，必须配合曲枝、夏剪等措施控制生长势。枝条长放不仅符合枝的自然生长结果习性，还简化了修剪。

7. **曲枝** 曲枝即改变枝梢的延伸方向。主要是加大与地面垂直线的夹角，直至水平，也包括改变左右方向。开张角度能明显削弱顶端优势，提高萌芽力，缩小发枝长势差距，使吲哚乙酸等促进生长的激素减少，氮含量降低而碳水化合物增多，乙烯含量增加，因而开张枝的角度有利花芽的形成。从树体反应看，曲枝可扩大树冠，削弱枝势改善光照条件。利用长枝开角后枝条结果下垂，有利于基枝更新复壮。在幼树和初结果树上，开张角度是促进幼树早果丰产、简化修剪的常用方法。

8. **刻伤和多道环刻** 在芽、枝的上方或下方用刀横切皮层深达木质部的方法，叫刻伤。春季发芽前后在芽、枝上方刻伤，可阻碍顶端生长素向下运输和养分向上运输，能促进切口下的芽、枝萌发和生长。多道环刻也称多道环切或环割。即在枝条上每隔10厘米左右，用刀或剪环切皮层达木质部，能显著提高萌芽力。单芽刻伤应用较多，以弥补缺枝一方发出长枝。而多芽刻伤和多道环刻，主要用于轻剪、长放的辅养枝上，能缓和枝势、增加枝量。多芽或多道环刻在萌芽力低的幼树上应用较多，但此项措施应以不使树势衰弱为前提下适当应用。在枝、芽下方刻伤或锯伤也有应用，主要目的是削弱其上部枝、芽生长势。

9. **拿枝** 拿枝也称捋枝。在新梢生长期用手从基部到先端，逐步使其弯曲，伤及木质部，程度为响而不折。在春夏新梢迅速生长时拿枝，有利缓和旺梢长势，减弱秋梢长势，形成较多副梢，有利形成花芽。秋梢开始生长时拿梢，减弱秋梢生长，形成少量副梢和腋花芽。秋梢停长后拿梢，能显著提高次年萌芽力。

10. **断根** 断根即以树干为中心，根据树体生长情况划出一定大小的圆圈，沿圆周开挖深30～35厘米的环状沟，切断沟内的根系。断根处理可减少根系对水分、养分的吸收，抑制地上部分枝条的旺长，促进结果，适用于结果少和未结果的旺长树。此外，在进行老树复壮更新时，对地下部分进行断根处理，可促进再生新根，有利于复壮树势。

## （二）幼树整形

幼树整形目的有两个，一是培养骨架结构，使树冠尽快成形；二是促进开花结果，使产量尽快增加。

1. **修剪原则**　杨梅幼树生长健壮，容易发枝，这是幼树整枝成形和开花结果的基础。生产上应根据这一特点采取合理的修剪技术，对其进行管理，不能任其疯长。所以幼树修剪应遵循以下两条原则进行。

**（1）以促为主，促控结合**　幼树的枝条宜多，不宜少，宜强，不宜弱。因此，修剪时应以促为主。但也要考虑到不同枝条间的局部优势所造成的生长上的不平衡性，因而还应促控结合。具体修剪要求是：对树冠整体来说，促下部，控上部，促内部，控外部；对一个枝条来说，促后部，控前部，促春梢，控秋梢；对枝组来说，促短枝，控长枝，促弱枝，控强枝；对不同枝条来说，促骨干枝，控辅养枝；对根系来说，促小根，控大根，促平根，控直根；对不同植株来说，促永久株，控临时株。总之，幼树修剪时对枝条要相对分工，有促有控，进行合理的安排。

**（2）以轻为主，轻重结合**　实现幼树快成花，早结果，就必须多用轻剪缓放的方法促发中短枝。但要考虑到培养各种不同类型的枝组，对一些有较大空间的枝条也可采取连续短截或截放结合的方法，以形成比较紧凑的枝组。对各级骨干枝的延长头应在中部的饱满芽处进行短截，以保证其生长优势。

2. **幼树整形的类型**　杨梅幼树整形主要有以下几种类型：开心形、圆头形、疏散分层形和主干形。各种树形的具体整形方法如下。

**（1）开心形**　开心形树形（图1）一般为3个主枝错落着生

于主干上，直线偏外延长，在侧面分生副主枝或分枝，符合果树自然特性，树体开张、阳光通透、结果面积较大，生长势较强、树干不高，管理方便。但由于主枝少，早期产量较低。

图1　开心形树形

定植第一年，在苗高90厘米处定干。从距地面30～40厘米处，选留第一主枝，在其上面再以每隔25～30厘米的间距，在不同方向选留第二、第三主枝，尽可能使三主枝平面夹角达120°左右。要注意拉大主枝和主干的分枝角度，最好达50°左右。如分枝角度不够，则用拉枝来开张角度。以后再在每个主枝上选留2～3个位置错开、方向不同的新梢，作为副主枝，并且可以对其适当摘心，以促使充实和老熟。在定植当年，不对主枝延长枝进行剪短。

定植第二年，在主枝侧面距主干60厘米左右的地方，选留生长势弱于主枝的强壮新梢作为副主枝。第一副主枝确定以后，可疏掉主枝延长枝上的强枝梢，并将主枝上的侧枝短截，做到主枝、侧枝长短相宜。

定植第三年，在主枝上距第一副主枝基部60厘米处，于第一副主枝的另一侧选留第二副主枝。第二副主枝的侧枝，留30厘米左右短截。

定植第四年，在主枝上距离第二副主枝40～50厘米处，另一侧选留第三副主枝。副主枝与主枝间的夹角为60°～70°。每年对副主枝进行适度的短截，促使新梢不断抽出。要求侧枝群在主枝上下、左右错开，从内到外，分别有副主枝和侧枝顺序分布。

定植四年后，开心形树形基本形成。

**（2）圆头形**　圆头形树形（图2），是杨梅在一定高度定干后，任其分枝并伐除过多的分枝而成。在定植后的第1～2年，任枝梢自由生长，选留主干上分生的4～6条强壮的枝梢作为主枝，各主枝相距20～25厘米，采用拉枝等方法使各主枝上下错落、分布均匀。在主枝上离主干7厘米左右的地方，选留位于主枝外侧向下部位的枝条作为第一副主枝，在距离第一副主枝60～80厘米的另一侧，选留第二副主枝，再由此按间距80～90厘米，选留第三副主枝。对于副主枝中生长过于旺盛的枝条，为了防止其搞乱树形，可用环割、倒贴皮和拉枝的办法，缓和其生长势，使枝条早日开花结果。经过6～7年的培养，最终可形成半圆形或圆头形。

**（3）疏散分层形** 疏散分层形树形（图3）一般主枝数目为第一层3个，第二层2～3个，第三层1～2个。此树形符合杨梅树特性，主枝数适当，造形容易。

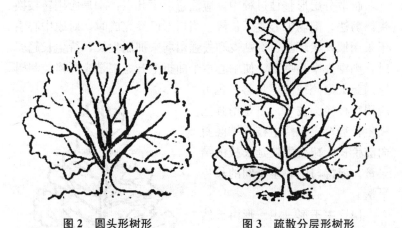

图2 圆头形树形　　　　图3 疏散分层形树形

杨梅苗定植后，从距地面60～80厘米处，选择剪口下方有4个以上饱满芽眼处短截、定干。春季新梢抽生后，选留剪口下第一个直立、强旺者为主干延长枝，再向下选择3个强壮的新梢作为主枝，要求同层主枝分布均匀，平面夹角各为120°左右，与主干之间的垂直夹角为 60°～70°。对过于直立或水平的主枝，可用拉枝或支柱进行矫正。

第二年，在主干延长枝上 100 厘米左右进行短截，诱导重新萌发出新梢，培养第二层主枝 2～3 个，方法与第一层主枝培养、选留相同。要求第二层各主枝的位置处在第一层主枝之间。同时，第一层主枝上选留第一副主枝，位置为距主干 60～70 厘米处的外侧或树下侧。

第三年，再在第二层主枝的主干延长枝上 100 厘米处，选留第三层的 1～2 个主枝。第一层主枝上距第一副主枝 60～70 厘米处，选留第二副主枝，第二副主枝上的侧枝留 30 厘米左右短截。第二层主枝选留第一副主枝。主枝上的副主枝的培养，与自然开心形树冠整形相同，侧枝结果枝组在主枝、副主枝的左右、上下要错开分布。

疏散分层形整枝过程中，应注意以下几点：一是应用转枝换头修剪法，削弱中心主干长势。当树形已经完成时，对原中心主干采用螺丝状环割、倒贴皮和去强留弱来抑制生长，待生长趋弱时，则锯去中心主干，使中心主干曲折上升。二是应严格控制树冠内膛大型侧枝的生长势，也可应用转枝换头技术。三是增强主枝生长势，应保持主枝先端倾斜向前生长，减少主枝延长枝的结果量，保持与中心主干间的长势平衡。

（4）主干形 主干形由天然生长状态下适当修剪而成，有中心干（图 4）。主枝不分层或分层不明显，树形较高。

苗木定植后留干高 60～70 厘米短截，萌芽抽生枝条后，留

图 4 主干形树形

顶端一直立枝作为主干的延长枝，其下再留3～4个生长健壮、分布均匀的枝作为主枝，并将多余的枝删除。次年主干延长枝留60厘米左右短截，再在其下选3～4个斜生枝作为主枝，逐年依次进行，至树干一定高度封顶。此树形不培养副主枝，一树共有12～15个主枝，主枝上全部培养侧枝结果枝组。由于杨梅枝梢顶端优势较强，所以主干形的树冠前期是上小下大的圆锥形，以后逐年形成圆筒形，最后形成倒圆锥形，树冠郁闭，结果部位上移，导致产量逐年下降。

## （三）成年树修剪

1. **结果树修剪** 结果树的修剪目标是高产、稳产、优质，防止产生"大小年"，长期维持树体平衡和结果枝组的生产能力，及时改善树冠通风透光的条件和枝、叶、果生长发育的质量。

**（1）修剪时期** 杨梅是常绿果树，较抗寒，在温暖地区无真正的休眠期，通常无低温冻害之忧，除4～6月挂果期外，都可进行修剪。但在气温相对较低地区，深冬不宜修剪，宜在春季2月下旬至3月中旬进行。

①生长期修剪。其主要修剪方法有环割、环剥、倒贴皮、拉枝、除萌、短截和疏删修剪。杨梅枝条比较松脆，而7～9月树液流动旺盛，枝条不易折断，适于拉枝作业。杨梅品种繁多，且立地环境各异，抽梢时期又不甚一致，因此拉枝、除萌等夏季修剪要进行3～4次。

②休眠期修剪。秋梢生长完全停止至春梢萌芽前（10月下旬至翌年3月下旬）进行修剪。多数地区在2月下旬至3月中旬进行，尤其是幼树和衰弱树更以春剪为宜。在无冻害暖地，可提前至冬季进行。休眠期修剪可明显地减少春梢发枝量，对缓和树势、提高坐果率和产量作用显著，但抑制树势程度不及生长期修剪。因此，杨梅修剪以生长期修剪和休眠期修剪并重。

**（2）修剪方法** 杨梅成年结果树修剪旨在调节生长和结果的

平衡，降低大小年结果幅度，提高果品质量。

①侧枝修剪。为促进花芽形成，幼树侧枝角度应开张达到80°~90°，同时结合环割或倒贴皮，去除过旺枝、保留中庸枝等措施，维持侧枝健壮而不徒长。一个侧枝群结果3~4年后，在适当位置培养更新枝，待原有侧枝衰老、结果部位远离基枝时，逐步回缩直至删去，以更新枝代替。

②结果枝修剪。结果枝修剪的主要目的是调节结果与生长的平衡。修剪时将一个侧枝上的结果枝全部留存，而另一侧枝上的部分结果枝进行短截，促使形成强壮的预备枝，供翌年结果。一般短截全树1/5的结果枝，即能使翌年萌发足量的结果枝，调节大小年结果作用明显。

③徒长枝修剪。一般来说，对徒长枝采取直接从基部疏除的方法；对于发生在骨干枝光秃部位或树冠空缺处的徒长枝，则视具体情况短截、拉枝等手法，使其演变成侧枝，增加结果部位或补缺树冠。

④下垂枝修剪。长势尚旺和具有结果能力的下垂枝，可用支撑或向上吊缚的方法，继续维持结果；过分下垂的应逐渐剪除，使树冠下部和地面保持70厘米左右的距离。

⑤对于过密枝、交叉枝、病虫枝及枯枝应及时从基部剪除。

**2. 衰老树更新** 当杨梅树树体衰老、产量明显下降时，可利用隐芽进行更新复壮，时间以在8月间进行最为适宜。此时发生的新梢，可安全越冬。早春进行修剪，虽然当年可抽生2~3次枝，利于早形成新的树冠，但春季伤流过多，要适时进行土壤排水。树冠上保留部分抽水枝，可减轻伤流，有利于愈合和萌发新枝。更新方法有局部更新和一次更新两种。

**(1) 局部更新** 全树更新可在2~3年内分批完成。因更新程度较轻，每年能保持一定的产量，且能迅速地恢复树势，提高产量。具体做法是：在第一年春季发芽前，短截约占全树1/3的骨干枝，截留长度约为原来总长度的1/2。当年更新的枝梢，可在抽生春梢基础上再抽生夏梢。对过密的春梢，适当疏除，在剪口处选1～2枝方向、角度、长势好的作为主枝延长枝，能保证其上的夏梢向前延伸。为提高坐果率和发枝能力，对留下的枝条，可以进行环剥，位置要高一点。第二年春季，再将所留下的1/2枝条进行短截，其短截处均在环剥口以下。第三年，再将其余枝条进行短截。更新后3～4年，可恢复树冠。

**（2）一次更新**　衰老期杨梅，树冠外围的枝干逐渐枯死，而在主干、主枝基部发生健壮的生长枝，可采用一次更新的方法。更新前要进行准备工作，即于上一年冬、春季，在更新修剪树的四周挖环状沟，并剪掉一部分衰老的根系，填入腐熟的土杂肥，以促进新根生长和恢复树势。然后，于春季发芽前，在新发生的枝条上部，剪去所有的衰老、死亡或半死亡枝，对大伤口进行削平、保护，对所留更新枝进行整理和定向培养；对留下的部分主干枝上的病斑，要刮除、消毒、堵塞，以恢复长势。

在更新修剪的同时，应配合土、肥、水管理，并进行抹芽、疏枝和病虫害防控，方可见效。

**3. 不结果、少果旺树改造**　调整树冠结构，删除树冠上部直立性大侧枝，打开"光路"。去强留弱，去直留平，疏去密生枝，树冠上部多疏剪，中下部要轻剪。多施磷、钾肥，不施或少施氮肥，结果后减少磷肥增施氮肥。夏末秋初，在树冠滴水线附近开30～40厘米深沟施行断根。

**4. 密植园改造**　对树冠交叉重叠，光照不足，内膛枝、下部枝大量枯死，光秃，产量下降的园地进行树体移植。在移植前2～3年，先对移植树的主枝延长枝进行回缩，疏除和回缩大侧枝，保留小侧枝继续结果，并让出空间改善永久树光照。移栽时大枝在1.5～2.0米处短截，并删除小侧枝，于3月上旬稍带土移植。成活后疏除过密枝，留好延长枝培养树冠。

**5. 大树矮化修剪**　杨梅生长势强，树性直立，进入结果期后，往往树体高大，造成采摘不便并带来安全隐患。杨梅矮化修剪技术目的是降低树体高度，从而提高采摘效率和安全性。矮化修剪技术需要每年进行，特别是对树龄较大的杨梅树，树形的改造应分几年完成。杨梅矮化修剪总的原则是营造开心形的矮化树冠，控制树体向上生长，促进树体横向向外生长，去除顶部强枝，改善光照条件，促进结果；对初果树达到以果压树，减缓生长势，对成年树则促进内膛结果及降低结果部位。修剪的时间原则上可全年进行，但一般在每年的春季2月下旬至3月下旬和秋季9～10月进行。具体操作方法如下。

①对于未进行矮化修剪的杨梅，先从基部去除中心直立枝干。如中心直立枝有2根以上的，先去除2根，剩余的第二年去除。其次，去除部分着生高度超过2.5米以上的直立枝条；去除内膛枯枝；适量去除斜生的重叠枝，修剪量应控制在30%左右，第2～3年根据内膛所抽生的新梢情况，再锯除剩余的过高枝干。

②对于已进行过修剪的杨梅树，应控制树体大部分结果枝位于树冠1.5～3.5米处，锯除3～3.5米以上部位直立过高的枝条，疏删中间密生枝，适当去除重叠枝和交叉枝，疏除部分内膛枝。修剪量控制在20%左右。以后每年适当去除生长直立且过旺的枝条，保持树形开张和内膛通风透光。

③主枝锯掉后，其上萌发的新梢要及时整理，去掉密生枝、衰弱枝。长梢要摘心短截，促使再萌梢，培养结果枝组。结合修剪培养矮化树冠。

④要注意修剪的顺序，应先内后外，先上后下，先大枝后小枝。

⑤对于树势较弱的杨梅树，可适当加大修剪量，以促进树体更新改造。

⑥大枝锯掉后，伤口面较大，一定要剃平伤口，再涂上黄泥浆。大枝上要包扎稻草，以免枝干晒裂，导致植株枯死。

6. **高接换种**　对于野生杨梅较多的地区，人们需要一种见效快、投资少的以优换劣的技术与之相适应。经过技术人员多年实践，总结出一套高接换种的方法。

（1）**高接换种的选择**　一般选择幼龄树比较好，而老龄树成活率低，树势恢复慢。高接分为两年进行为好，第一年选择该树的东南方向的基部粗度为 2～3 厘米的骨干枝进行高接。一般采取"五枝接二，三枝接一"的原则，并对周围枝条进行保留修剪，保证受接枝条阳光充足、通风。第二年选择西北方向枝条进行高接。实践证明：一年完成全树换种不仅使树体一时损失过大，而且影响接穗成活、生长。一树分两年完成换冠，成活率高，保留枝起遮阴、挡风、避免日灼与霜冻的作用。嫁接抽发的枝条生长快，恢复树冠时间短。待嫁接抽枝后，逐步去掉未经嫁接枝，经过几年后，嫁接品种完全替代老品种。

（2）**接穗的选取**　接穗应在丰产、优质、健壮、无病虫害的结果树上采集，尽量随采随接以提高成活率。选择粗度 0.5～1厘米、芽眼饱满、发育成熟的二年生长枝，剪叶后，需用湿毛巾包裹以保湿、保鲜。若需外地引进，接穗要用湿苔藓与接穗分层包装，湿布或旧报纸包裹，外用塑料薄膜包装。注意包裹里的湿度，以免过湿腐烂，也可以用略湿的细沙进行分层贮藏待用。

接穗需在萌芽前剪取，以免萌芽后影响高接成活率。

（3）**高接的时间**　高接比一年生小苗嫁接晚 10～15 天，浙南地区的高接适宜时期一般在 3 月中下旬，只要树液已开始流动即为高接适期。若嫁接过早或过迟都会影响成活率。高接最佳时间为砧木树冠离地（一般在离地 1.5 米处）的芽刚开始萌芽，而剪取接穗尚未开始萌芽。

（4）**高接方法**　杨梅高接方法以切接、劈接为主。方法一：1个砧木可接 1～2 个接穗，5～8 年生壮年树的嫁接口数随树冠大小而定，一般为 3～20 个。因杨梅富含单宁，高接成活率比一般果树低，故在高接下方约 5 厘米处进行 1～2 圈的环剥，但每圈留周长的 30% 不剥，使养液保持缓慢地运输，以提高成活率。这样一次性地高接完毕。方法二：留一枝（引水枝）不接，使水分和养分比较自由地上下运转。待第二年再接引水枝。杨梅的成年树或老衰树高接更新时，当树干直径超过25厘米以上，因树龄大，愈合能力弱，高接不易成活故要先更新后高接。其方法是先在距地30～35厘米处锯去大枝，让隐芽萌发抽枝，选留3～4个枝条任其生长外，疏去过多的萌蘖枝，2～3年后枝径超过2厘米以上时再行高接。

（5）**高接树的管理**　高接后2周左右检查其成活率，对已成活的嫁接枝条，应重剪其周围的枝条，但必须保留一定数量带有叶片的引头枝，除起遮阴和进行光合作用外，还可促进接穗正常生长。在8月下旬高温干旱结束后进行解绑。嫁接枝梢长到30～40厘米时，注意及时摘心，促进枝梢粗壮、分枝。伤口愈合处容易受风折断，应注意捆绑支柱或用绳拉等措施加以保护，翌年应加强拉枝和整形修剪，培养合理的树冠。此外，随着接穗的生长，枝干上的隐芽陆续萌发，应及时除萌。对接穗枯死枝旁的萌枝，选留1～2个粗壮的以供翌年补接。

高接后，进行培土翻耕。春季施一次速效肥料，每株用含硫酸钾的复合肥1～1.5千克；夏季（6～7月），每株施充分腐熟的有机肥约20千克，草木灰20千克和客土50～100千克。在接穗展叶后，常用0.5%尿素溶液，0.2%磷酸二氢钾溶液，0.2%硼砂溶液，喷施2～3次，效果十分明显。此外，还应注意防治病虫害。

# 第六章

# 杨梅矿物质营养及
# 施肥技术

充足合理的矿物质营养供应是果树高产稳产的基础，掌握果园土壤养分含量是实施科学施肥、保障果园产量和果品优质的前提条件。矿物质营养是植物正常生长发育所必需的营养元素，是杨梅生长发育、产量和品质形成的物质基础，按需要量的大小可以分为常量元素（氮、磷、钾、钙、镁、硫）和微量元素（硼、锌、铁、铜、锰、氯、钴、镍）[①]，它们对杨梅生长发育和果实品质形成起着极其重要的作用。

## 一、主产地的土壤养分状况

中国杨梅分布在东经 97°～122°和北纬 18°～33°之间，经济栽培集中在东经 103°以东和北纬 31°以南地区[②]。杨梅主要产区分布在浙江、福建、广东、广西、江苏、江西、云南和重庆等 8 个省份[③]，以下对主产地土壤养分状况加以分析。

---

① 刘慧，等. 我国苹果矿质营养研究现状 [J]. 山东农业大学学报：自然科学版，2001，32 (2)：245-250.

② 缪松林，等. 中国杨梅生态区划研究 [J]. 浙江农业大学学报，1995 (4)：366-372.

③ 梁森苗，等. 我国杨梅主产地土壤养分状况的分析 [J]. 果树学报，2015，32 (4)：658-665.

## (一) 土壤 pH

土壤 pH 直接影响杨梅生长所需各种养分的有效性,特别是影响一些速效养分的吸收,如有效磷、速效钾及微量元素等,因此可以通过调节果园土壤 pH 来改善土壤养分供应状况。在南方杨梅产区,一般自然土壤大多都呈酸性,较适宜杨梅的生长环境[①]。但土壤酸性过强 (pH<4) 不利于杨梅生长。原因主要是,在偏酸条件下,土壤中铝和锰的溶解度显著提高,对杨梅产生毒害;磷、钾、钙、镁和钼等养分被吸收的效率降低,易造成养分流失或浪费;土壤阳离子交换量变低,很容易造成作物缺钙、缺镁,增加生理病害的发生概率;易造成土壤板结,造成土壤内空气和间隙度变少,不利于根系生长;分解有机质和转化氮、磷等元素的有益菌及蚯蚓等有益生物不易存活,会导致有益生物数量减少、活性变低,土壤易滋生真菌与细菌等病菌,易造成根肿病、黄萎病、青枯病等病害的发生。同时,氮肥施用量相对较高,而有机质含量较低,导致土壤缓冲能力弱,从而导致土壤酸化。

此外,我国部分省份杨梅园土壤呈碱性,有些地区达到 pH>8 的水平,不利于杨梅根系生长,影响杨梅的正常生长,可能导致植株矮化弱小,需要根据当地土壤情况,长期增施有机肥,改善根系环境。

## (二) 土壤有机质

土壤有机质不仅为杨梅生长提供所需的营养,而且还能通过影响土壤理化性质提高土壤肥力。因而,掌握土壤有机质变化对了解土壤肥力状况,进一步进行果园土壤培肥、提高土壤质量具

---

① 周丕考,等. 配方施肥对杨梅产量与品质的影响 [J]. 现代园艺,2013 (7):7-8.

有重要的意义。

我国杨梅一般都种植在低丘缓坡地带，立地条件较差，再加之远离村舍农庄，有机肥施用量较少，造成杨梅园土壤有机质含量偏低。广东、广西、江苏以及浙江部分地区土壤有机质能够满足杨梅生长需求，其他地区有机质含量都偏低。原因可能是多方面的，一是南方地区多以红壤为主，特别是杨梅种植区都是土壤有机质含量较低的中低产田和低丘缓坡地带；二是各个省份的杨梅长势不尽一致，有些地区处于盛果期，而有些处于初果期，造成有机质的差异较大；三是对化学肥料的投入较多，而忽视有机肥的投入。

尽管杨梅园由于种植前期土壤有机质消耗较低，果园杂草等许多有机物一般都可以还田，故而经过果树种植后，土壤有机质含量较丰富；而且随着杨梅种植年限的延长，大量的枯枝落叶回归果园土壤积累，可形成大量腐殖质。与其他土地利用方式相比，杨梅园土壤的有机质含量理论上应较高（＞50克/千克）。另外，杨梅主要生长的南方地区属亚热带气候，一年多高温高湿，杨梅树体生长茂盛，从而使土壤密闭度较高，地表湿度高，光照弱，有益于土壤有机质的积累。

## （三）大量元素

适宜杨梅生长的土壤全氮含量范围是 0.08%～0.23%。我国杨梅园土壤全氮水平总体上处于适宜杨梅生长的土壤氮含量水平，但不同产区存在差异。有研究表明福建和江西地区的全氮水平较低[①]。浙江地区杨梅产区的含氮量变异较大，部分地区的全氮含量不足 0.02%，不能满足杨梅生长对土壤氮素的需求，但也有地区可达到 0.18%。云南地区的土壤氮素水平很

---

　　① 梁森苗，等．我国杨梅主产地土壤养分状况的分析 [J]．果树学报，2015，32（4）：658-665.

高，平均达到 0.31%，而且最高含量超过了 0.33%。另外，杨梅根系具有弗氏放线菌能形成根瘤，具有较强固氮活性和固氮能力。

磷素是杨梅生长不可或缺的大量元素之一。因此，在农业生产中，施用磷肥是土壤磷素来源的重要途径。当磷肥进入土壤后，与土壤中大量游离铁、锰等易形成难溶的磷酸盐，难以被植物吸收利用，因此，土壤有效磷水平就成为土壤供磷能力的重要体现。

总体上，我国杨梅园土壤的有效磷和全磷含量都较高，这可能与南方的土壤酸性条件以及施肥因素有关。由于不同杨梅园的土壤养分管理方式存在差异，施肥时间、施肥量等都能造成土壤中有效磷含量的不同。树体的许多生理过程，如光合作用、呼吸作用以及生长发育等都需磷素的参与，尤其是树体内各种酶促反应、能量传递与磷素关系很大。因此，个别缺磷地区可适量施用磷肥，其他地区可根据缺磷状况隔年施用，从而做到合理施用磷肥，这样不仅可以减少不合理施肥引起的环境污染，还可降低成本，提高产量。

土壤速效钾主要是由交换性钾和水溶性钾构成，可被植物当季吸收利用，是评价土壤供钾能力的一个重要指标，也可作为指导果园合理施用钾肥的主要依据。杨梅对钾需求量大，钾元素能促进杨梅枝干新梢生长，提高杨梅产量和改善风味，提高果实甜度和维生素含量。我国杨梅产区土壤全钾含量普遍较高，首先，主要可能与重视钾肥的施用有关；其次，部分省份杨梅园土壤速效钾含量不高，但全钾含量较高，主要是与该地区土壤有机质含量较低有关；再者，也可能与长期只重视化肥的投入，没有或者很少施用有机肥有关，尤其是在高产杨梅园更为严重。

生长在贫瘠地区的杨梅，即使很少施肥也能获产量，主要原因是杨梅具有菌根。在自然条件下，杨梅根部与弗氏放线菌能形成根瘤，具有较强的固氮活性和能力，通过共生体系固定大气中的氮素[1]。而且，通常情况下自身固氮量能够满足杨梅营养生长需氮量的 20%～25%，一般认为施用少量氮肥有利于固氮植物的生长及结瘤固氮，而超过一定量则不利于其结瘤固氮[2]。

弗氏放线菌具有一定解磷功能，能将土壤中较难被植物吸收利用的有机磷降解为可供植物根系吸收利用的有效磷；同时，杨梅根瘤扩大了树体根系和土壤接触面，增加了根系吸收范围；菌根也可分泌分解酶，有利于提高土壤中磷的有效性，一般可满足营养生长对磷需求的 30%[3]。有研究表明，杨梅所需氮素和磷素可分别通过菌根中放线菌的固氮作用以及提高土壤磷的有效性而得以满足[4]。一些研究表明，新种植杨梅幼树按照 $N:P_2O_5:K_2O$ 为 $1:0.5:1$ 的比例施肥较适宜，而结果期宜采用 $1:0.5:2.6$ 的比例，但是杨梅的施肥量也因各地土壤肥力高低、树冠大小以及密闭程度等不同而异[5]。

## 二、施肥技术

### （一）需肥特性

杨梅是我国的特产常绿果树，耐酸、耐瘠、省工、省肥、管理粗放，适合在我国长江以南低山和丘陵地区栽种[6]。杨梅是非

① 李志真. 杨梅共生菌 Frankia 的分离培养及侵染特性［J］. 福建林学院学报，2008，28（3）：247-251.

② 吴晓丽，顾小平. 不同肥料对杨梅生长和结瘤固氮的影响［J］. 林业科学研究，1993（6）：708-710.

③ FIMBEL R A, KUSER J E. Competitive and mutualistic interactions between pitch, bayberry and their symbionts［J］. Soil Science，1995，160（1）：69-76.

④ 隆旺夫. 有菌根的果树如何进行土壤管理［J］. 果农之友，2006（5）：52.

⑤ 孟赐福，等. 杨梅的需钾特性及施钾对杨梅的增产效应［J］. 中国土壤与肥料，2006（5）：46-48.

⑥ 何新华，等. 杨梅研究进展［J］. 福建果树，2006（4）：16-23.

豆科固氮植物[①]，具有独特的营养与需肥特性。其根部与放线菌结合形成菌根，有很强的固氮能力，且具有一定的解磷功能，能将土壤中的无效态磷分解为有效态磷，供根系吸收。而过量施用氮、磷，对菌根的固氮、解磷有不利影响，严重时会导致落叶，甚至死亡。

**1. 对大量元素的需求特点** 杨梅终年常绿，生长期长，抽梢次数多，枝叶繁茂，生长量大，果实发育期短，成熟较早，花芽分化期长，故需肥量大。杨梅总的需肥特点是"量大而全"，且需要的肥料元素种类较全[②]。

因为杨梅所需的氮素和磷素可以通过根瘤菌的固氮和提高土壤中磷的有效性而基本得到满足，在生产中可以不施或少施氮、磷肥，但杨梅是喜钾果树，对钾肥需要量很大。钾肥对杨梅的产量和品质的影响仅次于硼肥，研究发现杨梅施钾肥能提高杨梅的产量和可溶性固形物含量[③]。据估算，杨梅生产1吨果实，则从土壤带走纯氮为160克，磷为80克，钾为940克，其比例为1：0.5：5.9[④]。

杨梅的氮、磷、钾施肥量应掌握增钾、少氮、控磷的施肥原则，主要在硬核期与采后土施或撒施。同时，也要注意杨梅果实膨大至转色期的钙元素补充，通过叶面喷施补充钙、钾元素可增强果实硬度，增加单果重，促进着色增红，提高品质并延长贮藏时间，可在幼果期与硬核期各喷施1次。

①　王慧英，黄维南．杨梅根瘤的显微和亚显微结构及固氮活性［J］．植物生理学报，1990（2）：153-157．

②　严映志．杨梅树需肥特点和阶段施肥技术［J］．农技服务，2007，24（8）：78．

③　孟赐福，等．杨梅的需K特性及施K对杨梅的增产效应［J］．中国土壤与肥料，2006（5）：46-48．

④　何桂娥，等．东魁杨梅矿质元素分布与施肥对策［J］．现代园艺，2014（6）：9-11．

**2. 对微量元素的需求** 微量元素中，杨梅对硼最为敏感，缺乏其他微量元素，如锌、铜、钼的现象，不如缺硼那样普遍、严重，但施用这些微肥对提高杨梅坐果率和品质也有一定的作用。因此，喷布复合微肥提高杨梅产量和品质有较好的效果。杨梅缺钼表现为树体矮小、病虫多、幼叶黄绿、老叶变厚、根瘤发育差、果实小或成熟较晚等症状。此时应用 0.1%～0.2%钼肥或钼酸铵溶液喷树冠。杨梅缺锌表现为树体矮小，叶小、丛生、缺绿，根系生长差，果实发育不好，畸形果多等症状。此时应用 0.1%～0.3%硫酸锌溶液喷树冠，连喷 2～3 次。生产上也可采用喷布 0.4%尿素＋0.2%硼砂＋0.2%硫酸锌＋0.05%钼酸铵混合液的方法解决树体微量元素缺乏[①]。

**（1）硼元素对杨梅生长的影响及缺硼诊断** 杨梅缺硼在我国南方各省份的杨梅产区均有发生。严重缺硼会造成杨梅绝收，还会抑制树体生长，甚至造成死树。据资料记载，在 1985 年以前，浙江省兰溪市石渠乡有成片因缺硼而绝收的杨梅园，其中还有不少树体因缺硼而死亡。

可根据土壤和叶片的硼含量，以及叶片的外观表现对树体是否缺硼进行诊断。杨梅土壤缺硼的临界值为 0.3 毫克/千克，叶片缺硼临界值为 17.0 毫克/千克[②]。杨梅对硼的需要量与消耗量都比较大，典型的缺硼症状是叶片狭小，叶色灰暗，叶质脆，易脱落；春梢不发或迟发，新发枝条短，梢顶节间缩短，顶芽枯萎，此后侧芽大量发生，形成丛状枝和顶枯现象；花量少，花色暗淡，花器发育不良；坐果率低，果实小，汁液少；产量低甚至绝收。对缺硼叶片进行电子显微镜观察发现，叶片生理组织异

① 孟赐福，等. 浙江省杨梅施肥若干问题的探讨 [J]. 浙江农业科学，1995 (5)：266 - 267.

② 孟赐福. 杨梅的硼素营养及施硼技术 [J]. 浙江林学院学报，2006 (6)：684 - 688.

常，叶绿素浓缩变形扭曲，细胞液泡破碎，叶片可溶性糖明显高于对照[①]。

杨梅生长的低山和丘陵地区的土壤有效硼含量很低，极易造成树体缺硼。施硼能促进杨梅的花器官的生长和发育，从而提高坐果率，使其增产幅度达 30% 到数倍不等；能改善当年杨梅的品质，主要表现在果实增大、可溶性固形物含量增加和含酸量降低；施硼能促进杨梅春、夏梢的抽生和树体对氮、磷和钾的吸收，这是减轻杨梅大小年结果的两个重要因素。

有资料证实，只要能连续供给足够数量的硼素，即使连续 3~5 年不施其他任何肥料，仍可维持杨梅树健康生长和较高水平的产量，因为其菌根能固定大气中的氮素，且能通过菌丝分泌的有机酸提高土壤中磷、钾及微量元素铜和锌的有效度，而硼素则是能促进菌根形成的重要元素。

**(2) 硼肥的科学施用** 杨梅施硼的方法可因地制宜灵活运用。缺硼症状明显的，应土施与喷施相结合；高山等水源不便的杨梅园应以土施为主，而且最好在梅雨季节撒施于树盘下，便于树体更快地吸收；树体矮小，取水方便的地方，可用叶面喷布的方法。

叶面喷施硼肥，每年进行一次，浓度为 2.0 克/升，花芽萌动或花期喷施增产效果最好。硼肥喷施也可与其他叶面肥喷施结合，与单独喷施硼肥相比，喷布 2.0 克/升硼砂＋2.0 克/升磷酸二氢钾＋5.0 克/升尿素溶液更有利于促进杨梅的生长和增产[②]。喷施硼肥只能提高杨梅当年的坐果率，促进春夏梢的生长发育。

**3. 重视施用有机肥** 施用有机肥也可提高杨梅生长及结瘤固氮量，且随有机肥施用量的增加，杨梅生长和结瘤固氮量都呈

---

① 郑纪慈，等．杨梅缺硼研究 [J]．科技通报，1989，5（5）：5-10.

② 吴益伟，等．花期喷布几种化学物质对杨梅大小年和果实质量的影响 [J]．上海农业科技，1993（1）：5-6.

增加趋势。这可能与有机肥改善土壤的理化性质，与养分的有效性的提高有关，但其深入机制尚待进一步研究。另外，增加有机肥料投入，改善土壤结构，增强土壤保水保肥性能，进而提高土壤中二氧化碳的含量[①]，增强植物的光合能力，增加叶片中养分含量，促进枝梢生长，进而提高产量。

## （二）不同树龄的施肥特点及施肥方法

1. **幼树期施肥**　杨梅幼树施肥，以促进生长、早日形成树冠为主要目的。因此，为了促进根系伸展和树冠迅速扩大，除种植前施足基肥外，在 3～7 月的生长季节，应以少量多次施用，以每月 1 次为最佳，同时应增加磷肥施用量，氮、磷、钾的比例大致在 1∶0.5∶1。如用含氮、磷、钾的复合肥（指接近等量式的复合肥），每次每株施 0.1～0.15 千克，或用尿素、硫酸钾、过磷酸钙的混合肥料或硝酸钾和过磷酸钙的混合肥，每次每株施 0.1～0.2 千克即可。因杨梅幼树抵抗力弱，肥料要在土壤含水量充足时施入，否则要加水溶解后再施入。施肥范围在主干半径 20 厘米以外，避免与根系接触。在种植后第 2～3 年肥料用量适当增加，施肥范围随树冠增大外移。

2. **结果树施肥**　从定植第四年开始，树冠初步形成，并进入结果期。对于结果树，应根据杨梅生长和结果的特性来确定施肥时期。这些特性包括：杨梅根系与枝梢的年生长动态；杨梅当年开花、结果、硬核和果实成熟时期；杨梅花芽分化和发育时期。

（1）**枝梢生长特点**　根据对荸荠种杨梅观察，枝梢生长有 3 个高峰期。春梢高峰期在 3 月底至 5 月底，占全年生长量的70%以上；夏梢高峰期在 6 月底至 7 月初前后；秋梢高峰期在 9

---

① 黄文校．宾阳百色和柳江县（市）土壤养分监测结果与分析 [J]．广西农业科学，2003（1）：37 - 39．

月，后两个时期的生长量不到总量的 30%。在我国云贵高原，杨梅枝梢的生长期提早，加之 7~8 月多雨，温度偏低，夏梢生长期长，生长量变大。

**(2) 根系生长特点**　杨梅根生长的第一个高峰在 3 月初至 5 月底，开始略早于春梢生长高峰期；第二个高峰期为 6 月初至 8 月初，略早于夏梢高峰期；第三个高峰期为 8 月下旬至 10 月下旬，除严寒冬天停顿外，其余时间根都在缓慢生长。

**(3) 花芽分化特点**　杨梅花芽在 11 月开始萌动生长，3 月初开花结果，4 月中下旬硬核、果实迅速膨大，5 月开始成熟，6 月底至 8 月底在当年新抽的枝条上花芽分化形成，翌年开花结果。

综观以上重要变化，杨梅的生长发育基本上集中在一年的上半年完成，施肥的时间应该按"兵马未到，粮草先行"的原则，即大部分的肥料要先于杨梅的主要生长发育期施用，留少部分肥料，用于大量结果后树体营养空虚时施用。成年树施肥，氮、磷、钾三要素的比例一般以 4：1：5 为宜，但可以根据结果和土壤肥力情况而调整。

**(4) 结果树施肥时期**　一般而论，一年中杨梅应施 3 次肥。第一次为"花前肥"，在 2 月开花前（春梢发生前）施用。但如果是迟效肥（如有机肥料等），则应在上年的 11 月左右施入，经一段时间的腐熟，使杨梅在开花和长春梢时才可吸收到肥料。第二次为"壮果肥"，在硬核期结束、果实开始迅速肥大时（云南富民在 4 月中下旬）施入，供给果实膨大、夏梢发生和花芽分化发育。第三次为在果实采后 7 月上中旬施用，称为"采后肥"，以弥补大量结果后树体营养的消耗。如果发生大小年现象，在结果大年的采后肥要重施，结果小年采后肥可少施或不施。施肥量的多少主要根据树体营养消耗的多少而定。

3. **施肥方法**　杨梅施肥一般按树龄大小，采用下列几种方法。

（1）**盘穴状施肥**　用于对幼树的施肥，以杨梅树干为中心，把土壤向四周呈圆盘状耙开，圆盘的大小与树冠外围相当，深度在 10～20 厘米，一般以见根毛为止，挖出的土堆在圆盘外四周，把肥料均匀地撒施在盘内，施后把圆盘四周的土盖回原处。

（2）**环沟状施肥**　此方法一般用于大树施肥，因大树根分布很广，难以开出面积很大的盘状穴而采用环沟施肥。其办法是以主干为中心，以树冠外围枝叶对应处挖环状沟，沟宽 30 厘米左右，深 20 厘米左右，将肥料施入环状沟内，与土壤拌匀后盖土。这种方法因挖沟与根系延伸方向垂直，使根系断伤较多，应注意在挖沟时少伤根。

（3）**放射沟状或点穴状施肥**　杨梅大树根系延展很广，为了更好地发挥肥料效果，可采用放射状沟或点穴状施肥。根据树体大小以树干为中心，至树冠外围滴水线止，开挖 2～8 条深 20～30 厘米、长 30～40 厘米的沟或穴，肥料施入以后与土混合后再盖土。

环状施肥可以与放射沟状或点穴状施肥在不同年份交互使用，这样使肥料更加均匀，减少根系的损伤，有利于根系的再生复壮。容易溶解的肥料可以浅施，施后能随雨水流向土壤深处；不容易溶解的肥料，特别是磷肥应该适当深施，深到根系存在的部位，因为不易溶解的肥料流动性差，不易随水流到下层根分布部位，影响肥料的利用。

综上所述，杨梅施肥要注意"保硼、增钾、少氮、控磷"的八字原则，并适量补充钙肥，重视施用有机肥。要结合不同树龄、不同物候期的需肥特点，掌握好施肥时机，选择正规肥料产品，因地制宜，制定好施肥措施。

# 第七章

# 杨梅设施栽培

果树设施栽培是指充分利用现有的农业工程设施（如温室、塑料大棚或其他农业工程设施等），人为地、有目的性地对设施内的土壤、温度、湿度、光照和空气等环境因子进行改变或控制，以满足不同果树品种的生长条件，从而达到果品生产的目标。我国杨梅设施栽培起步较晚，但近年来发展迅速。目前，应用在杨梅栽培的设施形式主要有以防虫为目的的罗幔栽培，以避雨延迟成熟为目的的避雨栽培，以早熟促成栽培为目的的大棚栽培。

## 一、罗幔（帐）栽培

罗幔栽培，也称罗帐栽培、网帐栽培、网式栽培，是指杨梅单株采用全树防虫网覆盖的技术。

### （一）罗幔（帐）栽培的优点

杨梅采前受果蝇、大风、暴雨、高温等因素的影响导致产量损失、品质下降的问题很普遍，个别年份可致使劣质果比例达50％以上。生产上针对昆虫和采前落果情况进行喷药，虽然也能收到一些效果，但也给杨梅果实带来更多的农药残留和更大的食品安全隐患。罗幔栽培以物理方法将杨梅果实与果蝇等害虫隔绝开，效果显著、绿色环保。

1. **优质果率提高**　罗幔栽培能显著提高杨梅果实品质。杨梅采用罗幔栽培后，对树体通风透光造成一定的影响，且为杨梅生长营造了一个良好的微环境。在晴热天时罗幔内最高温度比露地对照区要低5℃，且保持较高的湿度；阴雨天时，罗幔具有一定的遮避雨水的作用；大风天气时，罗幔还可以阻挡一部分灰尘。据对试验区调查，杨梅采用罗幔栽培后，高温阴雨天对杨梅果实生长的不利影响减轻，减少成熟期落果和烂果。据调查，采用罗幔（帐）栽培的杨梅商品果率达到70.5%～81.0%，比露地对照栽培的杨梅提高了20.8%～25.5%。

罗幔栽培使杨梅果实成熟期推迟，采收时间延长，有利于杨梅果实充分成熟，使色泽鲜艳，果面洁净，无虫蛀、无污物，肉柱发育充实，肉质柔嫩、多汁，风味更浓。

**2. 病虫害减轻**　由于张力作用，下雨天幔上会形成水幕，大部分雨水可沿幔壁流走，减少了幔内果实与雨水的接触。因此，杨梅肉葱病较轻，落蒂、黑影果减少，采收的果实圆整度高。而未采用罗幔（帐）栽培的杨梅果实肉葱病较重，成熟采收时杨梅果实圆整度不够，杨梅果实转色后因雨水多出现不少的落蒂、黑影果（长青苔）现象。但如遇连续高温雷雨，幔内湿度明显高于外面，此时幔内杨梅果实白腐病发生相当严重，但发病的主要是果形偏小、生长不良的果实，生长正常的果实则发病较轻，幔外的白腐病则零星发生。

采用罗幔栽培方式，减少了农民盲目使用农药和营养液，大大降低了农药污染，确保果实食用安全。据浙江乐清试验示范区调查，罗幔栽培对杨梅果蝇的防治效果为98%以上。采收后期果实果蝇发生率为6%以下，而对照区果蝇发生率为88%以上。

**3. 抗风能力较强**　在遭遇大风等影响时，幔内杨梅落果较轻，而露地栽培的杨梅落果较重。幔内杨梅果实基本没有点状软腐现象，但露地栽培的杨梅普遍出现果实点状软腐现象，几天后出现大量树上果实腐烂。可以认为罗幔减轻了大风对杨梅果实的影响。模拟试验结果表明，幔帐对风速的减弱作用相当明显。

　　杨梅采用罗幔栽培技术，每株成本为 300～500 元，选用的防虫网一般可用 3～5 年，毛竹支架可用 2～3 年。采用单株覆盖罗幔，减少了化学药剂防治果蝇的成本，具有绿色安全、操作简单、实施方便、灵活性好、适应性广的特点，且易于果农掌握。

## （二）挂幔果园的要求及挂幔材料

　　单株罗幔栽培一般选择管理水平较高和缓坡的果园。要求杨梅树势强健，结果正常，结果量达 30～40 千克以上。通过整形修剪和疏果技术的应用，使杨梅树枝条和果实分布均匀。对挂果过多的杨梅树还须做好疏果工作，保留合理的挂果量。罗幔材料选用 40 目防虫网，并根据杨梅树冠大小，制作不同规格的罗幔，搭建毛竹支架。

## （三）挂幔时间

　　单株罗幔覆盖时间，宜在杨梅采前 40～50 天，浙南产区为 5 月上中旬，选择相应的罗幔规格进行单株全树覆盖。

## （四）挂幔方式

　　挂幔采用 1 株杨梅 1 顶幔，先于杨梅树中心位置，竖立 1 根比杨梅树高 50 厘米的毛竹，并固定。按树形大小取一定长度的竹片 4 片，在竖立的毛竹顶端形成 2 个十字交叉，竹片端部用绳子拉下来，形成一个弧度，并固定在地桩上，然后在架面上覆盖 40 目防虫网为幔。

　　搭建罗幔时，防虫网与杨梅枝梢应保留一定的空间。若搭架不够宽敞，如防虫网紧压杨梅枝梢，应采取补救措施，否则会出现果实腐烂和虫害。宜用小竹竿将防虫网向外顶，防虫网离开杨梅枝叶达 20 厘米的距离。同时要仔细检查网幔底脚四周是否压实，拉链开合处是否完全关闭，保证整个防虫网帐不留让害虫自由出人的空隙。要经常检查罗幔是否完好，尤其是遇到大风等恶劣天气后，应及时进行修复。人员进出罗幔采收杨梅果实，应及时关闭。

# 二、避雨栽培

## （一）避雨栽培的优点

我国许多产区杨梅成熟季节正值梅雨季节，如浙南产区。因雨水多，湿度大，导致采前落果严重，病虫极易滋生，果实品质下降，耐贮性差，大大降低了杨梅的商品性和经济效益。同时，还可导致树体营养生长过旺，对杨梅生产极为不利。为了克服这些缺陷，提高杨梅生产的经济效益，可采用避雨栽培的方式。避雨栽培是在果实近熟期对杨梅树冠顶部覆盖避雨材料，降低雨水对果实侵害的栽培方式。避雨栽培的优点主要有：

1. **减少落果**　过量的雨水导致即将成熟的杨梅大量落果，已经成熟的杨梅也因下雨而不能采摘，对产量影响极大。覆膜后减弱了风力，避开了雨水，落果率大大降低，单株产量增加。

2. **提高品质**　由于覆膜后树冠内昼夜温差大，有利于糖分转化，促进着色，同时也避免了果实因雨水浸泡而降低含糖量和果面无光泽现象发生。此外，杨梅根部吸收水分少，减少了氮素吸收，促进磷、钾吸收，果实含糖量高，果面晶莹透亮，品质提高，深受消费者的喜爱，销售价格提高，经济效益明显。

3. **延长供应期**　覆膜后，果实的成熟期延长 4～5 天，落果现象明显减轻，等到果实充分成熟后分批采收上市销售，从而有效延长了鲜果的市场供应期，缓解了采摘期劳动力紧张的矛盾，同时也避免了杨梅因雨水浸泡而难以贮运的弊端，延长贮运期 1～2 天。

4. **减少病害**　覆膜后，由于树冠内干燥，白腐病等病害难以传播，果实不易感染病菌。

## （二）覆膜时间

5 月份正值果实膨大期，覆膜过早，根部吸收水分少，影响果实膨大；覆膜过晚，果实吸收水分过足而影响效果。最佳覆膜时间为果实即将成熟前，一般为 6 月初，如前期雨水过多，则可适当提早覆盖。若与防虫网结合覆盖，则果实成熟前 40～50 天覆盖防虫网，采前 15 天梅雨季未到时顶棚覆盖避雨，采收后及时撤去覆盖材料。

## （三）避雨栽培方式

1. **简易伞式**　简易伞式指对杨梅单株覆盖避雨材料呈伞状。于杨梅树中心位置，竖立 1 根高于树冠 50 厘米的毛竹，并固定。按树形大小取一定长度的竹片 4 片，在竖立的毛竹顶端形成 2 个十字交叉，竹片端部用绳子拉下来，形成一个弧度，并固定在地桩上，然后在架面上覆膜。1 个架子一般可用 3 年。此方式的优点是结构简单、操作轻便、比较固定、抗风力较强、省工、省材、成本低，不伤果实及枝叶，易于推广。但仅适用于树冠比较矮小的杨梅树。

2. **直接覆膜**　雨天前，将塑料薄膜盖在树冠上，用绳子接到园地四角的固定点上即可。该方式的优点是简易、省工、省料，不足之处是高温时枝叶易被灼伤，膜易被刺破，不抗风。

3. **毛竹大棚**　用毛竹在园地上方搭成棚架，其上再盖塑料薄膜。依地形每 2 株或 3 株搭 1 棚，或依地势连片搭建大棚，棚面高出树顶 50 厘米以上。一般可用 3 年。其优点是牢固、抗风性好、效果最好；缺点是投资大，成本高，难于全面推广。

4. **钢管大棚**　用钢管在园地上方搭成棚架，其上再盖上塑料薄膜。依地形每 2～3 株搭 1 棚，或依地势连片搭建大棚，棚面高出树顶 1 米以上。一般可用 10 年。其优点是牢固、抗风性好；缺点是成本较高，地形要求较高，只可局部推广。

## （四）覆膜后的管理

1. **及时检查** 在大风前后及雨水来临前，检查膜是否被吹翻、划破、撕裂，若有上述情况及时修补、加固。

2. **揭膜防晒** 采用直接覆膜方式的，在气温高的晴天就要揭膜通风，以防枝叶灼伤。

3. **及时去膜** 采摘结束后，应及时揭去薄膜，以利树体通风透光。

# 三、大棚栽培

## （一）建棚

选择坡地比较平缓、丰产、稳产的杨梅园中建棚。要求园内为早熟杨梅品种，树冠相对矮小，树龄为 10～20 年。一般每棚占地 0.5～0.7 亩，内栽杨梅 12～22 株，最好每棚内有 1 株雄杨梅。若无雄株，也可采用雄树单株建棚催花供授粉用。大棚材料可用直径 1 厘米的圆形铁架，也可用毛竹架搭建，棚高应超过树冠 1 米左右，以防日灼。薄膜选用厚 0.6～0.7 毫米、宽 8 米的普通蔬菜用的塑料薄膜。

## （二）定植

若是新发展杨梅大棚种植园，需要从定植开始抓起。与普通杨梅园不同，大棚杨梅建园要求杨梅苗经假植圃培育后，使树冠直径达 1 米以上再移栽，也可就地以一年生嫁接苗栽植，就地培育，待树冠直径达 1 米以上时，再进行搭棚管理。

1. **栽植时期** 大棚杨梅的栽植时期，根据所处地理位置，以浙南产区为例，一般在 2 月中旬至 3 月中旬栽植。

2. **栽植密度** 为了充分利用空间，大棚杨梅种植宜采用密植，行距为 3.5 米，株距为 3 米，亩栽 60～65 株。

3. **配置授粉树**　因大多杨梅品种为雌雄异株，可用 3 种方法配置授粉树：一是按 1%～2% 的比例配栽雄株；二是在雌株上适当地高接雄株的枝条，作为授粉用；三是因配雄株或雄枝不便，可在杨梅花期，在雄株上砍些枝条，插在盛水的竹筒中，悬挂在大棚内，作临时授粉用，此法需每年进行，略有不便。

4. **栽植前后要求**

**(1) 施基肥**　栽植前，每亩用 1 200 千克厩肥、20 千克饼肥和 600 千克灰肥，堆积腐熟后施入。

**(2) 深植**　不论经假植的植株或小苗直接栽植，都要栽得略深一些。可以将嫁接口稍埋入土中。

**(3) 灌水**　栽植后要及时灌水，促进成活。

**(4) 遮阴**　杨梅的小苗怕干怕晒，所以栽植的小树要进行遮阴防晒。

## （三）整形

杨梅露地栽培时的树形，有自然开心形、自然圆头形、主干形、疏散分层形等，但是以上这些树形的主干和树冠较高，不利于大棚早熟栽培的操作管理。因此，要对原有的大树进行大棚早熟栽培时，必须先将树冠加以整修，使成为低矮的树冠。对于以小苗培植的园地，应该培养成低干矮冠的自然开心形。

1. **原有大树树冠的改造**　对于树体健壮，又是成片栽植的，要提前通过 2 年的树冠改造，使成为低矮树冠后，再进行大棚早熟栽培。

**(1) 改造要求**　改造后要求树冠高度为 2.5 米左右，最高不超过 3 米，树冠开张、内膛枝旺盛、绿叶层丰厚的树形。

**(2) 改造时期**　分春季和夏季，春季在春梢萌发前，即 2 月下旬至 3 月中旬；夏季在采果后，即 6 月中旬至 7 月上旬，以促使夏梢萌发。

**(3) 操作方法**　第一年春季，于树冠中上部选直径为 3～6 厘米的直立性大枝2～3条，在离地2～2.5米处锯截，促发春梢。

第一年夏季，对萌发的新梢进行整理，疏删密生枝、衰弱枝，短截徒长枝；并对主枝或主干受阳光暴晒的部分，进行涂白或包草保护。

第二年春季，除树冠高度2.5米以下的侧生大枝保留外，对树冠2.5米以上的大枝，继续以离地2.5米处短截，促发春梢。并可根据树势的强弱，喷洒15％多效唑300～400倍液，进行控梢促花。

第二年夏季，继续对萌发的新梢进行整理，删密留疏，去弱留强。最后成为矮壮、茂盛的新树冠。若有主干或大枝受阳光暴晒，也要涂白或包草保护。

**2. 小苗培养成低矮树冠**　培养要求如下：

**（1）低干**　用一年生嫁接苗，以主干30～50厘米高度进行剪截，促使萌发新梢。

**（2）矮冠**　树冠控制在2.5米高度，每年通过修剪进行枝梢调整。

**（3）主枝**　在主干上选留4条或5条新梢，培养成主枝。要求各主枝分布均匀，并能与树冠中心垂直线呈45°以上的斜角，使树冠开张。

**（4）结果枝群**　不培养副主枝，只在主枝或主干上直接培养结果枝群。各枝群的间距30厘米左右，形成立体结果。枝群约经4年，结果性能老化，要进行更换，培养新的结果枝群。

## （四）盖棚

杨梅的花芽分化期从7月下旬开始，到11月底完成，因此，大棚早熟栽培应从12月上旬至翌年1月上旬开始盖棚。

## （五）大棚内管理

1. **温度**　在棚内四角和中央各挂1支温度计，以便观察棚内温度动态。于 1～2 月间全棚应密封薄膜，以提高棚内气温，促进杨梅及早发芽和开花。3～4 月间，当棚内气温超过 30℃ 以上时，应开膜降温，防止叶、果灼伤。4 月中旬以后，露地气温已高，则可全部揭膜，以减少大棚环境对果实品质的影响。各物候期的合理温度如下：

**(1) 盖棚后至开花前**　白天温度 20～25℃，最高温度不超过 30℃，夜间温度在 2℃ 以上。

**(2) 开花期**　白天温度 20～30℃，最高温度不超过 35℃，夜间温度在 5℃ 以上。

**(3) 幼果期**　白天温度 20～25℃，最高温度不超过 30℃，夜间温度在 10℃ 以上。

**(4) 果实着色成熟期**　白天温度 25～30℃，最高温度不超过 35℃，夜间温度 10～15℃，不超过 20℃，不低于 5℃。若达不到上述合理温度要求，就要采取保温或降温等措施。

2. **湿度**　湿度对杨梅的品质有较大的影响。大棚内的空气湿度不能太高，土壤水分不能太多。除在盖棚以前，将水分灌足，盖棚初期，空气相对湿度稍高、土壤水分偏多以外，以后应控制棚内的空气相对湿度不能太高，土壤水分含量也不能太高。直至果实成熟期，棚内都要保持干燥的环境。否则，若是在春梢生长期，棚内过湿，会促使春梢旺长，形成大量落果，也会促使叶片发黄，形成大量落叶。果实成熟期过湿，会影响果实着色。因此，棚内多湿，对杨梅生长和结果都是不利的。若遇湿度过高，就要及时进行通风降湿。各物候期的湿度要求如下：

**(1) 盖棚初期**　盖棚初期相对湿度可高达 85%。

**(2) 开花前**　开花前相对湿度在 80% 左右。

**(3) 花期**　花期相对湿度在 75% 左右。

**(4) 幼果期和果实着色期**　幼果期和果实着色期相对湿度在 70% 左右。

**(5) 采果期**　采果期相对湿度要低，在 65% 左右。

3. **光照** 杨梅较其他常绿果树耐阴，所以在山的北坡或是大树底下，都能生长和结果。用聚乙烯或聚氯乙烯薄膜覆盖的大棚，其透光度都能适应杨梅生长发育的需要。因此，杨梅大棚早熟栽培，一般不须增光措施。但是，当棚内杨梅成熟期遇强光，易使果实软熟或糖分降低，在这种强阳光的天气下，最好在每天上午 10 时至下午 2 时，在棚顶盖遮阳网遮阴，以防果实降质。

4. **授粉** 一般大棚内的杨梅，于 2 月上旬即开始开花。采取即将开放的雄花枝（雄株也需在大棚栽培条件下），插入装有水的易拉罐内，挂于棚内上方，每 2 株或 3 株树放置 1 个。当雄花枝散花粉时，为便于授粉，可掀开棚两边的薄膜，或手持已缚上开放雄花枝的小竹竿，在各株雌花上抖动一下即可。

5. **疏果** 当幼果果径达 0.5 厘米大小时，开始人工疏果，硬核期前疏果结束。此外，当遇少雨干旱年份，棚内需及时灌（浇）水防旱，满足果实生长发育对水分的要求。其他管理如施肥、病虫防治等作业同常规管理。

## （六）卸棚后的管理

卸棚后，既要促进杨梅树势的迅速恢复，又要为翌年继续结果而做好准备。因此，要抓紧培育管理。

### 1. 施肥

**（1）卸棚肥** 卸棚肥是采果后的 1 次重肥。要求有机肥多，钾肥多。对结果树一般不施磷肥。如以树龄 7～10 年生，树冠直径 5 米左右的树体来说，每亩以禽畜粪 2 000 千克、饼肥 150 千克、尿素 40 千克堆积腐熟后施入，另施硫酸钾 100 千克。

**（2）上棚肥** 上棚肥也是促花肥。施肥时间在 10 月下旬至 11 月上旬，是花芽分化快要完成，又距盖棚还有 1 个月左右的时候，主要为盖棚做好准备。要求施钾肥为主，搭施有机肥。如上面说的同样树体，每亩施硫酸钾 120～150 千克，另施腐熟的畜禽粪 1 200 千克与饼肥 100 千克。

2. **修剪** 修剪是控制树冠、维护树冠整齐、保护枝梢分布均匀、培养和更换结果枝群的重要措施。修剪时期应在卸棚后马上进行为主，并在整个生长期都要看枝修剪。修剪的内容如下：

（1）**删枝** 在卸棚后，对直立性的，或位置不当，有碍树形的，或是开始衰退的，或是折伤的枝序，都要进行剪除。在平时，对那些直立性的，或是密生的新梢，要及时删除。对衰弱的结果枝群，要在删除后重新培养。

（2）**回缩** 在卸棚后，对一些多年生的枝序或徒长枝，经回缩到适当的位置，能够在留桩上萌发新梢，培养成结果枝群的，要短截留桩。

（3）**摘心** 在平时，对那些生长势较强的新梢，要及时摘去顶端，控制生长。

（4）**除萌** 在平时，要及时去除那些位置不当，或是过多的萌芽。

# 第八章

## 杨梅采收与保鲜贮运

### 一、采收

果实采收是果品生产过程中的重要环节，它预示着田间工作的阶段性结束，并进入果实保鲜贮运和加工的流程，是果品向商品转化的必要前提。采收的质量直接影响果品的贮运、加工和销售。同时，科学采收不仅能够改善果品品质，保证贮藏保鲜效果，而且能够促进树势的快速恢复和花芽分化。

### （一）采收时期

杨梅成熟时期因地域不同而有很大差异。浙江杨梅的成熟和采收期一般在6月上旬至7月中旬，自南而北依次开始。浙江、福建、广东等杨梅成熟期正值梅雨多湿高温季节，果实成熟后易于落果和腐烂，必须及时采收，否则会影响保鲜贮运效果。

农谚称："夏至杨梅满山红，小暑杨梅要出虫"，正说明了杨梅成熟和采收时期短暂，应抓紧时机分批采收，以减少损失。

适时采收的关键就是确定果实的成熟期。但杨梅同一产地不同品种，或同一品种不同地域环境，甚至同一株树不同部位，其果实成熟期均有差异。因此，杨梅果实应该分批采收，采红留青，随熟随采。杨梅果实成熟与否可依据不同品种成熟时表现出的特征加以判断。乌杨梅品种群如荸荠、晚稻杨梅等，果实由红转紫红或紫黑色时，甜酸适口，风味最佳，为适宜采收期；红杨梅品种群，待果实肉柱充实、光亮，色泽转至深红或泛紫红时采收；白杨梅品种则以果实肉柱上的青绿色几乎完全消失，肉柱充实，呈现白色水晶状发亮时采收为宜。此外，果实含酸量也是果实成熟的另一项重要指标。如荸荠种含酸量在1.4％时，食用过酸；0.8％以下时，风味过淡；采收最适宜期在含酸量1.0％～1.2％之间。

杨梅成熟期与地理位置也有关系，研究表明，海拔每升高100米，杨梅成熟期约延迟2天。因此，低纬度、低海拔地区的杨梅先熟，高纬度、高海拔的迟熟。此外，向阳南坡由于阳光充足，杨梅成熟期早于背阴北坡。

杨梅适时采收还需要考虑销售去向。对于鲜食杨梅，采收成熟度指标首先是外观品质，即果色、果形及单果重，决定了消费者的消费欲望；其次是内在品质，如可溶性固形物含量、可滴定酸含量及固酸比，决定了消费者再次消费的可能性和占领市场的寿命。例如，鲜食红杨梅的成熟度外观判断标准为：果色转黄显红为七成熟，整果淡红为八成熟，果实深红色为九成熟，完熟果实则为紫红色。随着杨梅果实的成熟，其硬度和可滴定酸含量逐渐降低，单果重、花青素和可溶性固形物含量增加。七成熟的果实还处于生长膨大期，采收时果实偏小，果面着色差，含酸量偏高，含糖量低，即使经过贮藏后外观品质和风味仍然不好，食用价值低。完熟期果面着色充分，果肉柔软，香味浓郁，且总糖含量高，可滴定酸含量偏低，风味稍差，不符合大众消费者口味，贮藏后糖和酸等营养物质消耗迅速，果实变得淡而无味，从而失去食用价值。同时，完熟果实易发生生理病害，也易被病害侵染导致腐烂，在短时间内失去商品价值。为保证贮运后果实良好的口感和品质，需要贮运3天以上的果实，以八九成熟时采收最为适宜，如在3天内销售的则可采收九成熟以上果实。

对用于加工的杨梅果实，果实成熟度指标首选固酸比，固酸比决定了加工杨梅的口感及风味。其次是可滴定酸，可滴定酸含量过高,不利于降酸。再次是果色,果实颜色越深,产品颜色也越深。最后是果实大小和出汁率,它们与加工产品品质密切相关。

## (二) 采收方法

杨梅主产区多位于山区,且树体较高大,果实肉质柔软,果肉外露,以人工采收为主,采收时务求精细。在采收前,先割除杨梅树冠下的杂草灌木,同时准备好"人"字形梯子、乳胶手套、竹篓或塑料箱等采果工具。杨梅同一株树上的果实成熟时间先后不一,一般在全树 20% 的果实成熟时即可开始采收,一般每天采收 1 次,或隔天采收 1 次。因杨梅果实无果皮保护,极易受损伤,故采收时要轻采、轻放、轻运,以免受伤。采收时间以清晨或傍晚为宜,避免在雨天或雨后初晴时采收。采收前要求剪短指甲,戴洁净乳胶手套,以免刺伤果实。

采收时用右手三指握住果实,食指顶住柄部,往上挪动,就可将果实连柄轻轻摘下。所采果实盛于底部及四周衬有新鲜蕨类或杂草的竹箩、竹篮或有孔的塑料箱中,以减少挤压和损伤。以小竹篓、小竹篮包装出售的杨梅,可用蕨类或杂草衬底的小竹篮或小竹箩,在采收时直接提在手上,随采随装。一般包装规格不宜超过 5 千克,这样可使果实保持完整、新鲜状态,有利于销售。

此外,加工糖水杨梅用的果实,与鲜食用果一样的方法采收,而制盐坯、果酱等的果实,可在树下垫草或张塑料薄膜,摇树振落果实捡拾,速度快、损伤大,只能贮藏 1~2 天,须速加工,不可远销或长期贮藏。

## (三) 果实分级

采收时可以同时携带 2 只篮子,边采摘边分级。品质好的放入小篮子,品质一般的放入大篮子。杨梅采摘后,在 10~15℃

的操作间里按要求进行挑选分级，分级后装入适宜销售的小塑料篮或竹篮内，装果高度不宜超过 15 厘米，装果量不宜超过 2 千克。

# 二、保鲜与贮运

杨梅是一种非常娇嫩的时令水果，极不耐保鲜贮运。杨梅与草莓一样，果实裸露，无外果皮无保护，肉柱较软，容易受到机械作用而破碎。通常，贮藏 2～3 天或经长距离运输，肉柱就会破碎，导致果汁外流，色泽暗淡，风味变差，品质下降。在常温条件下，杨梅果实"一日味变，二日色变，三日色味皆变"。因此，采后保鲜贮运是制约杨梅产业发展的关键性问题。影响杨梅果实保鲜贮运的因素较多，如杨梅本身生理特性、病虫害等。近年来，随着人们消费水平的提高和农业产业结构的调整，杨梅栽培面积和产量不断增加，一定程度上推动了杨梅保鲜贮运技术和加工业的快速发展。

## （一）影响采后保鲜贮运的因素

1. **果实结构**　杨梅果实为核果，兼具浆果属性。杨梅食用部分是外果皮外层细胞发育而成的囊状体，果肉外壁极薄，又称肉柱。杨梅外果皮无保护层，是杨梅果实采后不耐贮运的根本原因。肉柱的长短、粗细、尖钝、硬软与品种有关，同时也受环境条件、管理水平和果实成熟度等影响。肉柱充分发育、先端圆钝的果实，汁多味美；反之，风味稍差，但组织致密，不易腐烂，较耐贮运。

2. **采后生理**　杨梅采收后内源乙烯的释放量呈下降趋势，属于非呼吸跃变型果实，但又是呼吸作用较强的水果。采收后杨梅的生命活动由生长发育期的同化过程（光合作用）与异化过程（新陈代谢）并存转变成单一的异化过程，并主要表现为呼吸作用。受采收季节的影响，鲜果采后呼吸作用加强，消耗果实内部营养物质，并释放出热量，提高贮藏环境温度；同时果实成熟过程中产生的乙烯，激活异化作用关键酶的活性，从而多方面加速了果实变质、腐败。但有研究表明，杨梅果实在（21±1）℃的贮藏温度下，出现了呼吸高峰和乙烯释放高峰，表现出某些呼吸跃变型果实的特征。

温度是影响杨梅果实贮藏效果的主要因素，贮藏环境温度越高，衰老代谢越明显。杨梅果实在 20～22℃下只能保存 3 天，10～12℃下可保鲜 5～7 天，在 0～2℃下也只能保鲜 9～12 天。由此可知，降低温度可在一定程度上抑制果实呼吸作用，减缓果实衰老，延长杨梅果实保鲜贮运时间。

**3. 机械损伤**　在采收、贮运过程中的机械损伤往往是造成杨梅采后品质下降、腐烂损耗的主要因素之一。杨梅果实肉质裸露，在采收装箱、采后处理和贮藏运输过程中，极易受到碰伤、挤压、振动等物理机械作用的损害，引起囊状体细胞破裂，汁液外流，果实失水干缩、衰老、劣变。研究表明，随着保鲜贮藏时间的延长，杨梅果实振动强度阈值下降，由振动引起的呼吸增量与振动强度、贮藏时间及贮藏温度之间均存在极显著的线性回归关系。振动胁迫会破坏细胞膜结构，导致膜透性增加，抗氧化酶活性 SOD 与精胺含量的下降，最终促进果实的全面衰老。同时，振动胁迫引起的机械损伤给微生物入侵及繁殖创造了有利条件，更加速了果实变质、腐烂。因此，在杨梅果实采收和贮运环节，应尽可能减少机械损伤，以保证杨梅果实贮运品质，延长保鲜货架期。

**4. 采后主要病虫害**　在室温条件下，杨梅果实极易受病菌侵染，贮藏 2～3 天即失去食用价值。丁岙杨梅常温贮藏 1 天后即可发现病变果实，病果率为 2.3%，贮藏 4 天后，病果率达43.7%。杨梅果实病害主要由真菌引起。主要病原菌有杨梅轮帚霉、橘青霉、绿色木霉、尖孢镰刀菌等。杨梅果实贮藏时的虫害主要是果蝇，具体为黑腹果蝇、拟果蝇、高桥氏果蝇和伊米果蝇等4种。采后第一天即可发现果蝇，第四天果蝇成虫羽化，以后害虫逐渐增多。由于果蝇世代周期很短，幼虫对杨梅的危害随着时间的推移而加剧，加快了杨梅的腐烂进程。

## (二) 保鲜技术

**1. 常温保鲜**　常温保鲜相对简单便捷，通常用于本地鲜销。杨梅果实宜用底部覆有柔软衬垫物的竹篓或塑料框，采收后直接贮藏。贮藏温度为室温20～25℃，仅作短期保存，要求具有良好的通风条件，一般在果农家里或普通的贮藏室（库）里。

常温保鲜虽然可以节约成本，然而不利于杨梅果实商品性状的长期保持和经济效益的长远发挥，在实际生产尤其是规模化生产中的应用受到限制。一直以来，杨梅全天然保鲜贮运技术是各产区共同面临的一项技术难题。开发杨梅全天然保鲜贮运技术，可以减少烂果损耗、扩展市场时间、增加有效供给，是流通增值、加工增值的关键措施。目前，以保鲜贮运技术创新和包装技术创新为主题，通过技术、设施的有效集成、综合性试验和市场化应用，已初步建立杨梅全天然保鲜贮运及营销技术体系。

**2. 低温保鲜**　低温保鲜贮运是目前杨梅果实长途运销的最优贮运方法。东魁、荸荠种等品种果大、肉硬，便于采摘包装，是低温贮藏保鲜的首选品种。根据销售距离的不同，分为就地销售和长途销售。

**(1) 就地销售**　果实采摘后，通风晾干，选择无损伤、无病虫、无霉烂、九成熟、形状圆整的杨梅果实，装入通气性良好的塑料箱中，每装一层果实喷1次保鲜剂，每箱装果实10～12.5千克。条件允许的，将果实装在保鲜袋中，在袋口喷施保鲜剂。果实装箱后再搬至低温库中，预冷过后，果实温度可以降至2～3℃。库内温度控制在0～2℃，相对湿度为85%～90%。杨梅果实作为鲜果销售，保鲜期为5～7天；用作罐头、果酒、果酱与果汁等加工原料，保鲜期为 36 天，最长可达 2 个月。

**（2）长途销售**　为使果实在长途销售中能够较长时间保持新鲜，应在贮藏前进行选果、预冷等措施。

①选果。选择果形端正、色泽鲜亮、无机械损伤、无病虫害、无腐烂、八至九成熟的优质果实。

②预冷。将挑选好的果实立即放入预冷库预冷，预冷温度为 0～2℃。预冷有利于果实品质的保持与固定。

③装箱。将薄膜包裹的定型冰块，整齐地排列在泡沫塑料箱底部，再将经过预冷的杨梅果实装在薄膜袋内，排出袋内空气，顶层杨梅喷施保护剂后，扎好薄膜袋口，置于冰上，果冰比例一般为 10：3，封装高度以平箱口为宜。远距离运输时，可适当增加冰块数量。

④封口贴标。果实装箱后，用粘贴纸封住缝口，盖好箱盖，最后用胶带纸封箱，贴上注明产地标签。

⑤运输。采用厢式车运输，最好是冷藏车，否则四周填充泡沫塑料或其他隔热保温材料，立即装车起运。注意装车时应堆码整齐，固定并满车运输，以防移动造成机械损伤。为了快速、及时地投放市场，可采用小型包装，即用塑料或泡沫小包装盒装好果实，再装入箱中的薄膜袋内，每盒装果 0.5 千克，每箱装10～20 盒。一般情况下，长途运销保鲜期为 7 天。

研究表明，低温贮藏结合采前喷施 0.5％氯化钙溶液或采后保鲜液处理，可在一定程度上提高果实耐贮能力，延长低温贮藏条件下杨梅果实贮藏保鲜时间。

**3. 速冻保鲜**　速冻保鲜技术主要应用于水果蔬菜，并取得了较好的保鲜效果。采用平板速冻、隧道式速冻以及流化床速冻实现单体快速冻结等手段，使制品在风味保持方面获得了很好的效果。由于杨梅食用部分的囊状体具有弹性，游离端顶部有许多气孔，致使杨梅在解冻过程中容易保持完好的结构，故可采用速冻保存方法。

速冻保鲜贮藏一般可使杨梅保鲜半年以上，最长可达 1 年。速冻保鲜应选用新鲜、硬度良好、表面清洁、无机械损伤、成熟度九成左右的优质果实，装果容器宜用通气性良好的竹篓、竹筐或塑料框，预冷后，在其表面均匀喷洒一层水温为 5℃ 的纯净水，然后置于 -25℃ 或 -40℃ 条件下速冻处理，处理时间约为 15 分钟。此时杨梅果实温度约为 -20℃，最后转入 -18℃ 冷库中贮藏即可。

速冻杨梅果实表面水分会形成冰层，这样有利于增加果实组织硬度，避免机械损伤。因此，速冻保鲜贮藏的杨梅出库运输时，要求保持其冻结状态。解冻时采用空气自然解冻法，解冻温度为 25℃，解冻时间约 20 分钟左右，一般解冻后杨梅失汁率 5% 以下，可溶性固形物含量较高而酸含量下降，固酸比增加，风味以甜为主，维生素 C 含量基本不变，没有异味，也不易发生霉变。然而，为了不影响果品和商品品质，贮藏期以 1~2 个月为宜。

**4. 气调保鲜**　气调保鲜是通过调节贮藏环境中氧气和二氧化碳的比例，抑制水果的呼吸强度，以延长水果贮存期的一种贮藏方式，也是当今最先进的可广泛应用的水果保鲜技术之一。气调保鲜有以下功能：一是延迟果实之老化（或完熟）及其所伴随之生理变化，诸如呼吸速率和乙烯产生速率减慢、软化和组成成分变化等而延长果实贮藏寿命。二是在低氧（<8%）或高二氧化碳（>1%）的条件下，降低乙烯对果实作用的灵敏度。三是直接或间接的抑制收获后病原菌危害果实而导致腐败。例如，把二氧化碳提高到 10%~15%，则可有抑制灰霉病菌在某些果实所引起的病害。

气调保鲜适合长途运销保鲜。由于杨梅果实在鲜果贮存期间，呼吸强度大，释放出大量乙烯，促使果实衰老和腐烂。气调保鲜通常可分为 MAP 和 CA。MAP 又可分为自发 MAP 和主动 MAP。自发 MAP 是利用包装袋的透气性与果实的呼吸作用自发调节袋内气体比例，这在新鲜果实保鲜中应用广泛，方法简单、方便，但保鲜效果不如主动 MAP。主动 MAP 是指改变包装袋周边环境的初始气体成分或比例，再借助包装袋的透气性和果实的呼吸作用进而调节气体比例，以延长保鲜期。CA 贮藏即气调库贮藏，要求贮藏过程中始终保持恒定的气体组成与比例，效果最好。但投资成本偏高，不适合运输保鲜，在实际应用中推广应用具有局限性。

气调保鲜操作技术是在低温保鲜基础上发展起来的，其选果、预冷、装车、运输与低温保鲜贮运流程基本相似，只是在装箱操作时，果实在薄膜袋内装满到略高于泡沫塑料箱口后，需要在顶部喷施保鲜剂，不必层层四周喷施。塑料袋排气，使塑料袋呈干瘪状态，并充入氮气。如此排气与充气交替反复数次后，袋内惰性气体与氮气达到适当比例，立即密封袋口。封口要求严密，使袋内气体与外界完全隔绝，以免袋内气体比例受到外部气体影响而改变。最后，压实，盖好箱盖，用粘胶纸封好箱盖与箱间的缝隙，并用粘胶纸固定好箱盖，立即装车运输。杨梅小包装气调保鲜与一般的低温保鲜相比，保鲜期大大延长，如操作规范严格，保鲜期可达 20 天左右，而一般低温保鲜期仅 7 天左右。

5. **辐射保鲜**　辐射保鲜的原理是通过电离辐射干扰果实基础代谢过程，改善果实品质，延缓成熟衰老；减少病虫的滋生，抑制微生物引起的果实腐烂损失，从而延长果实贮藏保鲜期。根据世界卫生组织等联合专家委员会的标准，总体平均吸收量 10 千戈瑞的食品没有毒理学上的危险，在营养学和微生物学上也是安全的。杨梅对 γ 射线忍受力为中等，可忍受的辐射剂量为 0.3～1.0 千戈瑞，但确切剂量未见报道。目前，我国杨梅辐射保鲜大多仍然处于研究阶段，基本上还未应用于实际生产中。

6. **化学保鲜**　化学保鲜技术主要是应用化学药剂对水果进行处理保鲜，这些化学药剂可以统称为保鲜剂。根据其使用方法的不同，保鲜剂可以分为吸附型、浸泡型、熏蒸型和涂膜型保鲜剂。

**(1) 吸附型保鲜剂** 吸附型保鲜剂主要用于清除贮藏环境中的乙烯,降低氧气的含量,脱除过多的二氧化碳,抑制水果后熟。主要包括乙烯吸收剂、吸氧剂和二氧化碳吸附剂等制剂。

**(2) 浸泡型保鲜剂** 浸泡型保鲜剂经稀释制成水溶液,浸泡果品达到防腐保鲜的目的。该类药剂能够杀死和控制水果表面或内部的病原微生物,有的还可以调节水果代谢。此类药剂包括防护型杀菌剂、内吸型杀菌剂、新型抑制剂和植物生长调节剂等。

**(3) 熏蒸型保鲜剂** 熏蒸型保鲜剂在室温条件下能够挥发,以气体形式抑制或杀死水果表面的病原微生物。使用时需选择对水果无毒害作用的保鲜剂。

**(4) 涂膜型保鲜剂** 涂膜型保鲜剂是用石蜡和成膜物质涂于水果表面,减少水果水分损失,抑制呼吸,延缓后熟衰老,阻止微生物侵染的一种保鲜剂。目前一些天然防腐剂,如壳聚糖、魔芋胶、植酸型物质的研究与应用为水果的保鲜提供了新选择。

化学保鲜通常与物理保鲜技术相结合,从而可以达到更好的保鲜效果。目前,应用于杨梅保鲜的食用防腐剂主要有苯甲酸钠、山梨酸钾、蔗糖酯、尼泊金乙酯、植酸等。试验表明,蔗糖酯保鲜效果最好,最多能贮藏 64 小时;其次是尼泊金乙酯;苯甲酸钠、山梨酸钾对杨梅保鲜效果不明显;植酸也能抑制杨梅果实微生物的活动,降低坏果率。

近年来可食性涂膜保鲜剂越来越受到研究者重视,壳聚糖便是研究热点之一。壳聚糖是一类结构类似于纤维素的氨基多糖聚合物,其溶液可在果实表面形成保鲜薄膜,对二氧化碳和氧气具有选择性。壳聚糖涂膜处理可有效延缓超氧化物歧化酶活性下降,提高抗坏血过氧化物酶和谷胱甘肽还原酶的活性,从而提高果实硬度,降低呼吸速率,延缓杨梅总酸和总糖含量的下降及还原糖含量的上升,结合低温贮藏 16 天,仍然具有较高的商品价值。

杨梅采后用1‰水杨酸溶液浸果处理2分钟，也能有效地降低果实呼吸速率和乙烯释放速率，一定程度上防止了果实腐烂变质，并且较好地保持了果实品质和风味。有研究表明，不同浓度的氯化钙和萘乙酸混合处理可显著提高果实硬度，通过抑制呼吸作用，提高了果实耐贮性，并改善了果实的品质。此外，乙烯阻抗剂1-甲基环丙烯（1-MCP）也可以延缓果实衰老进程，但是其效果与处理材料、处理温度、处理浓度和处理时间有关。1-甲基环丙烯在许多水果、蔬菜和花卉采后保鲜中，得到了应用研究。

　　化学合成物质作为果蔬保鲜剂虽然保鲜效果显著，但是大多数化学合成物质对人体健康有一定的影响，尤其在食品安全问题普遍关注的现在，消费者更是避而远之。随着保鲜技术的不断发展，开发和应用经济安全的天然保鲜剂已成为必然趋势。据报道，盐提取物处理杨梅果实保鲜效果极为显著。盐提取物是从岩石层的矿物盐类中提取出来的一种物质，内含钙、磷、镁、钠、锰等金属盐类，通过它能分解果实表面残留的化肥、农药，杀死寄生虫卵而起到保鲜作用。天然保鲜剂还有大蒜素和甘草提取液，它们也可以作为保鲜剂处理杨梅，提高果实的耐贮性，同样具有安全无毒、经济适用、广谱性以及环保等优点。

　　必须指出，杨梅果实肉质柔软，果肉外露，在使用化学保鲜时，特别要注意选用绝对无毒害作用的保鲜剂，确保食用安全。

## （三）包装运输

　　1. **简易运输**　在杨梅果实大批外运时，可采用高圆形小口的竹箩作容器，大小为高46厘米、直径35厘米，在高度3/4处收口，开口处直径22厘米，箩口沿上附2个把手和1个盖子，底部衬好新鲜蕨类或杂草后装入果实，一般每箩装10千克左右。杨梅必须轻装快运，做到当天装货，当天运输。

　　2. **冷藏运输**　冷藏运输外包装可选用聚乙烯泡沫箱（内径

45 厘米×28 厘米×22 厘米，厚度 2～2.5 厘米），箱内先放入 5～6 千克用尼龙袋装好的冰块，再放入用尼龙袋装的 5 千克杨梅待运。有条件时先将杨梅在 5～8℃的冷库中预冷 2 小时后，再放冰块，效果更好。2 000 千米以上长距离运输时，宜用冷藏运输车。

## （四）保鲜贮运技术发展趋势

1. **保鲜贮运技术开发及应用中存在的问题**　我国杨梅产区大多处于偏远山区，交通较为不便，且以山地或零星栽植为主，生产规模较小，保鲜贮运技术相对原始，主要采用化学药剂处理与低温贮运相结合的技术措施。泡沫箱加冰贮运在近些年来在杨梅产区逐渐兴起，并取得一定进展。当前，在杨梅保鲜贮运方面主要存在以下问题：

**（1）采前田间管理粗放**　采前田间管理粗放，病虫害防控措施不到位。

**（2）采收及采后处理粗放**　采收及采后处理过程粗放，缺乏精细操作和有效的分级、包装与贮藏措施，易导致果实机械或人为损伤，不利于果实保鲜，烂果率高，商品性差。

**（3）使用化学药剂不规范**　采前采后化学药剂使用混乱，易引起毒性残留，对人体健康产生危害，严重制约了我国杨梅的长远发展。

**（4）保鲜技术未取得突破**　许多保鲜贮运技术还处于实验室试验阶段，未取得重大突破。如生产上常温贮藏超过 3 天的技术难点至今尚未根本解决。目前，杨梅保鲜技术手段仍然较简单，效果难以让人满意。

2. **保鲜贮运技术的发展趋势**　针对当前杨梅果实保鲜贮运技术开发及应用过程中存在的主要问题，当前应该加强以下几方面的工作：

首先，进一步开发天然、无毒的生物保鲜剂；其次，加强采前田间管理，加大杨梅采后病虫害防控力度，并开展采后病理研究工作；再次，立足我国当前杨梅生产实际，制定杨梅采收、分级、商品化处理、保鲜贮运及加工等技术标准，建立采收、分级、处理、包装、贮藏和流通为一体的综合技术体系，依据不同产地、不同品种和现有设备等条件开发成本低、实用性强、切合实际的保鲜贮运方法。

与此同时，还应该加强杨梅加工产品的研究与开发，制成罐头、果汁、果酒、果醋等商品，提高加工比例，缓解保鲜贮运难的压力。

# 第九章

## 杨梅病虫害综合防控

### 一、病害

#### （一）病害发生基础

1. **病害的概念** 由于受不良环境条件的影响，或者遭受寄生生物的侵害，杨梅的正常生长和发育受到干扰和破坏，导致杨梅从生理机能到组织结构发生一系列的变化，在外部形态上发生不正常的表现，在经济上遭受损失，这就是杨梅病害。

**（1）杨梅病害的症状和作用** 症状是指杨梅发生病害后所表现的病态，是准确诊断病害的重要依据。症状可分为病状和病征两部分。

①病状。病状是寄主发病后外部形态发生变化所表现出的不正常状态。一般可归纳为变色、坏死、腐烂、萎蔫和畸形五大类。

②病征。病征是病原物在病部所表现的特征，是由病原物的营养体和繁殖体构成的。病征一般可分为霉状物、粉状物、锈状物、绵（丝）状物、粒状物、菌核、菌索和脓状物八类。

症状是植物特性与病原物特征特性相结合的综合反映，各种病害的症状均具有一定的特异性和稳定性，对进行病害的诊断有很重要的意义。

**（2）两类不同性质的病害** 引起杨梅病害的环境因素有两大类，即生物因素和非生物因素。根据病因又可将病害分为传染性病害和非传染性病害。

①传染性病害。由生物病原物引起的病理性病害，可以传染。引起传染性病害的病原物种类很多，主要有真菌、细菌、病毒、线虫和寄生性种子植物等。

②非传染性病害。由不良的物理或化学等非生物因素（如气象因素、土壤因素和某些毒害物质等）所引起，属生理性病害，不具有传染性。

### 2. 杨梅病害的病原物

**（1）植物病原真菌** 病原真菌的生长发育可分为营养阶段和生殖阶段。生殖阶段分无性生殖和有性生殖。无性生殖产生无性孢子，有性生殖产生有性孢子。杨梅病原物的无性生殖一般发生在杨梅的生长季节。此时，无性孢子繁殖快、数量大、扩散广，使大量的孢子在果园内传播蔓延，危害极大。有性生殖多发生在生长后期或腐生阶段，所产生的有性孢子除具有繁殖后代功能外，还用以度过不良环境。当环境条件适宜时，又转入营养阶段和进行无性繁殖，继续为害。真菌所致病害的特点是，在寄主被寄生部位的表面长有霉状物、粉状物等。

**（2）植物病原细菌** 细菌的形状比较简单，基本上可分为球状、杆状和螺旋状3种。植物病原细菌属于杆状菌一类。细菌以分裂方式繁殖，经过该方式繁殖后的细胞仍保持原有性状。细菌在适宜的环境条件下，约20分钟可完成一次分裂。细菌病害的主要症状类型有腐烂、坏死、瘤状物和萎蔫等。主要传播方式有雨水和流水、昆虫、人、畜禽和其他生物传播。细菌病害的越冬场所主要是种子及其他繁殖材料等处。

**（3）植物病原病毒、植原体和类病毒**

①植物病原病毒。对生产影响较大。传播途径有机械摩擦、嫁接、昆虫介体和花粉等。病毒病只有病状而没有病征。症状主要表现有变色、畸形、枯斑等，危害严重时表现出叶片皱缩、果树矮化等。

②植原体。是介于病毒病和细菌之间的最小一种单细胞微生物，它比病毒大，比细菌小，具有多形性，形状有圆形、椭圆形或不规则形。主要由介体传播。

③类病毒。是一类环状闭合的单链 RNA 分子，其结构比病毒还要简单。它是一种和病毒相似的感染性颗粒，进入寄主细胞内后，对寄主正常细胞的破坏与自行繁殖的特点与病毒基本相似。主要由介体传播。

**(4) 线虫** 线虫属于动物界线形动物门，其数量之多仅次于昆虫。寄生植物的线虫约占 10%。其形状一般为圆筒形，两端稍尖，体细长。线虫病主要造成杨梅生长缓慢，衰弱，矮小，色泽失常，叶片萎垂、局部畸形和根部肿大等。线虫远距离传播主要借寄主植物的种子及无性繁殖材料等；近距离传播主要通过土壤、流水、人畜活动和使用农具等。

**3. 杨梅病害的发生、发展与流行**

**(1) 杨梅病害的发生与发展** 病害从前一个生长季节开始发病到下一个生长季节再度发病的过程称为侵染循环。病程是组成侵染循环的基本环节。侵染循环主要包括以下 3 个方面。

①病原物的越冬或越夏。病原物度过寄主植物的休眠期，成为下一个生长季节的侵染来源。

②初侵染和再侵染。经过越冬或越夏的病原物，在寄主生长季节中进行的首次侵染为初侵染，重复侵染为再侵染。只有初侵染，没有再侵染，整个侵染循环仅有一个病程的称为单循环病害；在寄主生长季节中重复侵染，多次引起发病，其侵染循环包括多个病程的称为多循环病害。

③病原物的传播。分主动传播和被动传播。前者如有鞭毛的细菌或真菌的游动孢子在水中游动传播等，其传播的距离和范围有限；后者靠自然和人为因素传播，如气流传播、水流传播、生物传播和人为传播，其传播距离远、范围广。

**(2) 杨梅病害的流行** 杨梅病害流行是指侵染性病害在杨梅

群体中的顺利侵染和大量发生。其流行是病原物群体和寄主植物群体在环境条件影响下相互作用的过程，环境条件常起主导作用。对杨梅病害影响较大的因素主要包括下列 3 类。

①自然环境，如温度、湿度、光照和土壤结构、含水量、通气性等。

②生物因素，包括昆虫、线虫和微生物等。

③农业措施，如耕作制度、种植密度、施肥、田间管理等。

杨梅传染病流行的必要条件包括：寄主的感病性较强，且栽种面积和密度较大；病原物的致病性较强，且数量较大；环境条件特别是气候、土壤和耕作栽培条件有利于病原物的侵染、繁殖、传播和越冬，且不利于寄主植物的抗病性。

## （二）主要病害及其防控措施

1. **杨梅癌肿病** 杨梅癌肿病又称杨梅溃疡病，俗称杨梅疮。病原为丁香假单胞菌萨氏亚种杨梅致病变种，主要危害部位是杨梅的树干和枝条，导致树体早衰；小枝被害后，常造成肿瘤以上部位枯死。尤以二、三年生枝梢受害严重。该病菌形成的瘤状物消耗树体大量养分，并阻碍树体内营养物质的运输，导致树势早衰，严重时引起全株死亡。发病严重的果园，病株率高达 90％以上。癌肿病是杨梅枝干部危害最严重的病害，对杨梅的产量影响很大。

**（1）症状** 初期病部枝条上产生乳白色的小突起，表面光滑，逐渐增大形成表面粗糙的肿瘤。小枝被害后，形成小圆球状（如樱桃）的肿瘤，肿瘤以上的部位常常枯死；树干发病后，树皮粗糙，凹凸不平，呈褐色或黑褐色的木栓化坚硬组织。肿瘤大小不一，小如樱桃，大如胡桃，大的直径可达 10 厘米以上。一个枝上的肿瘤少则 1～2 个，多则 5～8 个，一般在枝节部发生较多。

**（2）发病规律** 癌肿病是一种危害枝干的细菌性病害。病原物主要在枝梢或果园地面残留的病瘤内越冬。幼树和苗木上发病较少，结果树上发病较多。翌年春季4月底至5月初病菌在病瘤表面流出菌脓，主要通过雨水、空气、接触、昆虫等，从伤口或叶痕处侵入。一般在4月底至5月初开始侵入，在20～25℃条件下，经30～35天的潜伏期后，开始出现症状。6月下旬至8月上旬发病较重。温暖多雨环境，树势衰弱，老树伤口多，则易发病。有些当年生的新梢上也有发病。

**（3）绿色防控方法**

①做好植物检疫工作。禁止在病树上剪取接穗，禁止调运带病菌苗木。园区内首次发现病树，应及时砍去并烧毁。

②加强培育管理。采收时，宜赤脚或穿软鞋上树采收，以免弄破树皮增加伤口，增加感染的机会。采收后实行果园深耕，适当多施含钾量高的有机肥，增强树体抵抗力。

③修剪。新梢抽生前，剪除带瘤小枝。剪下的残根叶要及时清园并集中烧毁，以减少病菌，防止再次侵染。

④刮除病斑。春季3～4月，病原菌未流出前，先用快刀刮净病斑，再涂药保护。

**2. 杨梅锈病**　杨梅锈病属真菌性病害，俗称杨梅飞黄粉。主要是在每年的3月中旬至4月中旬，危害杨梅芽、叶、枝梢和花。

**（1）症状**　杨梅的枝梢、叶、花、芽等部位均易染病，病树开花提早且大量落花，后期大量落果，果形小。发病植株刚萌发的新芽，即可产生橙黄色斑点，病斑破裂后，飞散出橙黄色的粉末。花器被害后，常还原成叶形，多呈肥厚的肉质片并带有橙黄色的病斑。肉质片不久腐烂掉落，大部分枝梢表现为"秃头枝"。

**（2）发病规律**　多产生性孢子及锈孢子。性孢子器着生在叶片上下两面，有孔口，上有棍棒状细毛，内藏无色球形性孢子。锈孢子器呈扁球形，长4～16毫米，内藏锈孢子。锈孢子呈卵圆形，橙黄色，大小为（20～42）毫米 × （15～25）毫米，表面有细刺。

病菌以菌丝在受害枝梢上的病斑处（特别是隆突部位）潜伏越冬，翌年春初由菌丝直接侵入幼芽为害，并以孢子进行广泛传播。发病程度受品种、土壤、树龄、海拔、施肥等条件的影响。海拔高度200米以下、地势平坦、土质为黑沙土的果园，常常发病严重。幼龄树一般不发病，树龄越大，树势越衰弱，发病越重。

**（3）绿色防控方法**

①杨梅园建园应选择丘陵山地的红黄壤地块，海拔300米左右，并选用抗病杨梅品种栽培。

②健康壮年树不能偏施氮肥或磷肥，要合理多施有机肥与钾肥；衰老树要注意加强分年修剪，促使树冠更新复壮。

**3. 杨梅褐斑病**　杨梅褐斑病病原菌属子囊菌亚门腔菌纲座囊菌目座囊菌科，俗称杨梅红点病。主要危害杨梅叶片，进而使花芽和小枝枯死，对树势和产量产生严重影响。若发病后放任3～4年不治，则可引起全株死亡。

**（1）症状**　病菌侵入叶片后，首先出现针头大小的紫红色小点，逐渐扩大为圆形或不规则的病斑。病斑中央呈红褐色，边缘褐色或灰褐色，直径为4～8毫米。病斑中心在后期变为浅红褐色或灰白色，其上密布黑色小粒的病菌子囊，最后多数病斑互相联结成大斑块，直至叶片干枯脱落。病树在当年秋冬季开始落叶，到第二年，70%～80%的叶片脱落。叶片脱落不久，出现花芽和小枝枯死，对树体生长和产量影响极大。

**（2）发病规律**　病菌以子囊果在落叶和树上残留病叶上越冬。翌年4月底至5月初，病菌的子囊果内形成子囊及子囊孢子。5月中旬以后，子囊开始成熟，此后每逢雨水，子囊果内陆续散发出子囊孢子，借雨水溅散而传播蔓延。子囊孢子从5月中旬开始从子囊中散发出来，一直延续到6月下旬。该病菌孢子萌发侵入叶片后，潜伏期 3～4 个月，一般在 8 月上旬开始出现病状，10 月病斑数量增多，10～11 月出现大量落叶。在自然条件下，一般不产生分生孢子。该病一年发病 1 次，无再次侵染现象。

**(3) 绿色防控方法**

①清除病源。清理园内的落叶，并集中烧毁或深埋，减少越冬病源，减轻翌年发病。

②加强栽培管理。深翻园内土壤，合理增施有机肥和硫酸钾、草木灰等钾含量较高的肥料，增强树势，提高抗病能力。注意果树整形修剪，剪除枯枝，提高通风透光能力，降低园间湿度，减少发病。

③冬季清园。11 月至翌年 2 月，向全树及地面喷施 3 波美度石硫合剂，对该病害有明显的防治效果。

**4. 杨梅干枯病** 杨梅干枯病病原为真菌，属半知菌亚门腔胞菌纲黑盘孢目黑盘孢科。危害部位主要是杨梅的枝干，引起枝干枯死。一般在衰弱的老树上发生较多。

**(1) 症状** 发病初期枝干上出现不规则的暗褐色病斑，随着病情的发展，病斑不断扩大，并沿树干向下发展，染病部位失水而呈稍凹陷的带状病斑。染病部位与健康部位的分界明显。发病严重时，危害深达木质部，当病斑围绕枝干一周时，枝干即枯死。在后期，病斑表面生有许多黑色小粒，即为分生孢子盘，开始埋于表皮层下，成熟后突破表皮，使皮层出现纵裂或横裂的开口。

**(2) 发病规律** 该病菌是一种弱寄生菌，一般从伤口侵入，树势衰弱时才开始扩展蔓延，故发病轻重和树势关系密切。

**(3) 绿色防控方法**

①加强栽培管理，增强树势，提高树体抗病能力。

②在农事操作活动（特别是采收）时避免损伤树皮，阻止或减少病菌从伤口侵入。

③及时剪除或锯去因病而枯死的枝条，并集中烧毁。

**5. 杨梅枝腐病**　杨梅枝腐病病原为真菌。主要危害杨梅枝干的皮层，尤以老树的枝干上发病较多，严重时枝干腐烂枯死，使树体提前衰败。

**（1）症状**　枝干皮层被害初期，病部呈红褐色，略隆起，组织松软，用手指压病部会下陷。后期病部失水干缩，变为黑褐色，并向下凹陷，其上密生黑色小粒点（即孢子座），在小粒点上部长有很细长的刺毛，这一特征可区别于杨梅干枯病。天气潮湿时分生孢子器吸水后，从孔口溢出乳白色卷须状的分生孢子角。

**（2）发病规律**　病菌是一种弱寄生菌，一般从枝干皮层的伤口侵入。以雨水或流动水滴传播。

**（3）绿色防控方法**

①加强栽培管理，土壤及时增施有机肥料和钾肥，叶面喷布硼肥，增强树体的抵抗力。

②衰老树要及早更新，促使内膛萌发新梢，复壮树势。

③保护树体。在农事操作活动（特别是采收）时避免损伤树皮。露阳的枝干要及时涂白或包扎。涂白剂配方：生石灰 1 千克，食盐 0.15 千克，植物油 0.2 千克，水 8 千克，石硫合剂少量。

**6. 杨梅根腐病**　杨梅根腐病病原为真菌。无性阶段为球壳孢目的小穴壳菌。杨梅根腐病主要危害杨梅根系。杨梅植株的细根先发病，再蔓延至主、侧根，致使树体青枯、死亡。

**（1）症状**　可分两种：一种是急性青枯型，其初期症状很难觉察，仅在枯死前 2 个月左右才有明显症状。叶片失去光泽，褪绿，树冠基部部分叶片变褐脱落，如遇高温天气，顶部枝梢出现萎蔫，但翌日早晨仍能恢复。采果前后如遇气温骤升，常常急速枯死，叶色淡绿，逐渐变红褐色脱落，仅剩少量枝叶，但翌年不能萌芽生长。此类型主要发生在 10～30 年生的盛果树上。另一种是慢性衰亡型。其初期症状为：春梢抽生正常，但晚秋梢少或不抽发，地下部根系和根瘤较少，逐渐变褐腐烂。后期病情加剧，叶片变小，下部叶片大量脱落，其枝条上簇生盲芽；花量大，结果多，果小，品质差；高温干旱中午，顶部枝梢萎蔫，叶片逐渐变红褐色而干枯脱落，枝梢枯死，树体有半边先枯死或全株枯死。此类型主要发生在盛果期后的衰老树上，一般从症状出现至全株死亡需3～4年。

**（2）发病规律** 病菌从伤口侵染，或从根系的细根上开始发病，而后向侧根、根颈部及主干扩展蔓延，病原菌进入木质部维管束，菌丝体在维管束内增殖，从而使根的形成层和木质部维管束变褐坏死，最后导致全树生长衰弱和急性青枯。

**（3）绿色防控方法**

①加强肥培管理。土壤深耕松土，增施有机肥料和各类钾肥，增强树势，提高抗病力。

②发现病株及时挖除，并集中烧毁。

③不在桃、梨等寄主植物园内混栽杨梅。

④园内该病发生严重的地块，应耙土并剪除病根，撒上生石灰。

**7. 杨梅赤衣病** 杨梅赤衣病病原为真菌，属担子菌亚门层菌纲非褶菌目。该病主要危害杨梅的枝干，使树势衰弱，枝条枯死，直至全树枯亡。杨梅赤衣病在浙南杨梅产区发生较普遍，特别在一些树冠郁闭、光照不足、管理粗放的杨梅园，发病更为严重。

**（1）症状** 该病一般多从分枝处发生。发病初期，在背光面树皮上可见很细的白色丝网，逐渐产生白色脓疱状物。翌年春季在病症处边缘及向阳面可见橙红色小泡，不久覆盖一层粉红色霉层，故称赤衣病。以后龟裂成小块，树皮剥落，露出木质部，其上部的叶片发黄并枯萎，使树势衰退，果形变小，品味变酸。最后，枝条枯死，直至全树枯死。严重时可布满整个主干及主枝向阳面，约 50 天后，整个病斑上覆盖粉红色霉层，干燥时到处飘散传播。

**（2）发病规律**　病菌在病枝组织中越冬，菌丝生长温度范围为 10～30℃，最适温度为 25℃。翌年春季随气温上升、树液流动而恢复活动，并向四周扩展，同时在老病症处边缘或病枝阳面产生红色菌丝，孢子成熟后随雨水传播。孢子从伤口侵入。一般孢子 3 月初开始发生，4 月下旬在枝干上产生粉红色子实层，以后密布橘红色粉末。5 月上中旬产生担孢子，5～6 月为盛发期，6 月以后担子层两端菌丝逐渐变成白色，7～8 月到秋季停止蔓延，10 月后转入休眠。潜伏期较长达 4～5 个月。该病发生与降水关系密切，一般土壤黏重、含水量高的果园发病较重。

**（3）绿色防控方法**

①加强培育管理。对有杂木的园地，要清除杂木。对管理粗放的园地，要做好春、夏雨季果园排水工作。对土壤通透性不良的黏土，要加客土（黄泥）。杨梅园要多施有机肥和钾肥，增强树势和抗病力。冬季剪除病枝，集中烧毁，萌芽前在主干处涂刷80％石灰水。

②严格检疫，杨梅新发展地区，不从病区引种杨梅苗和接穗。

③生长期病部涂刷石灰防治，效果较好。

**8. 杨梅炭疽病**　杨梅炭疽病病原属真菌，子囊菌亚门核菌纲球壳菌目小丛壳属。主要危害杨梅叶片、枝梢。

**（1）症状**　发病初期在叶片两面产生圆形或椭圆形灰白色病斑，扩大后中间有黑色小粒点，晴天病斑易破裂穿孔。嫩梢被害则布满点点斑斑，逐渐落叶变成秃枝，同时由此造成烂果、落果现象。

**（2）发病规律**　在自然环境中仅为分生孢子，在培养基中能产生子囊孢子。病菌以孢子和菌丝体在被害树体的嫩梢上越冬，翌年 5 月上中旬再传播危害，到 8 月上旬达到高峰期。病菌生育最适温度为 23℃，能耐 30～34℃ 的高温及 6～7℃ 的低温，但在 50℃ 时仅 10 分钟即死亡。

**（3）绿色防控方法**

①增施有机肥料，少施氮肥，增强树体抗病能力。

②加强春季（2～3 月）和冬季（10～11 月）的整形修剪，并及时清园，减少病源。

③冬季清园。11 月至翌年 2 月，采用 3 波美度石硫合剂喷雾全树冠及地面，可有效防治该病的发生。

9. **杨梅白腐病**　主要危害杨梅果实，被害植株 30% 以上果实腐烂，严重者达 70% 以上，被害果不能食用。

**（1）症状**　一般在杨梅开采后的中、后期，在果实表面上滋生许多白色霉状物（即白腐病）。随着时间的延长，此白点面积会逐渐增大，一般不到 2 天，这种带白点的杨梅果实即脱落。

**（2）发病规律**　病原菌成熟期雨水多，杨梅成熟度高，果实软腐，病菌滋生，发病猖獗。侵害初期，仅少数肉柱萎蔫，似果实局部过熟软化状。后期因果实抵抗力和酸度下降，吸水后肉柱破裂，蔓延至半个果或全果，果实软腐，并在里面产生许多白色霉状物（菌丝），孢子无色或淡灰色。果味变淡，有时还散发腐烂的气味。病菌在腐烂果或土中越冬，靠暴雨冲击将病菌飞溅到树冠近地面的果实上，以后再经雨水冲击，致使整个树冠被侵染。

**（3）绿色防控方法**

①架设避雨设施。主要有伞式、棚架式、天幕式等避雨设施。在果实转色期开始架设，直至采摘结束，效果较好。

②改善树冠通风透光条件。利用大枝"开天窗"修剪技术，减轻病害的发生。

③及时采收。由于该病的发生与水分关系密切，因此关键是

及时做好抢收工作。

**10. 杨梅凋萎病** 2004 年以来，在浙江省瑞安、黄岩、仙居、临海、天台等杨梅产区首先发现一种突发性枝叶凋萎的新型病害，并有逐年加重之势。它不同于杨梅根腐病、根结线虫病，目前正在浙江省杨梅主产区陆续蔓延。发病树体 2～3 年相继枯死，并有不断蔓延扩展的趋势，直接威胁着杨梅产业的可持续健康发展。

**（1）症状** 发病当年产量，一般损失达 20%～40%，严重的达 80% 以上，病势有逐年加重的趋向。该病发生时，杨梅枝梢叶片首先急性枯萎，后渐渐呈枯黄、褐黄直至枯死，症状初现时一般不落叶，1～2 个月后才渐渐落叶；无论顶枝还是内膛枝均有不同程度的发生，先零星发生后渐渐增多，逐渐扩大呈成片发生，山脚往往比山顶严重。幼树发病后的 1～2 月内，地上部分就渐渐枯死，并伴随枝干韧皮部开裂，根系枯死；大树发病当年枝梢枯死而枝干正常，严重影响树势，树冠逐年减小，2～3 年后杨梅林连片整株枯死。发病时间以秋季为主。

**（2）发病规律** 系拟盘多毛孢异色拟盘多毛孢和小孢拟盘多毛孢引起的真菌病害。该病菌具有广泛的碳源和氮源利用范围，最适合的温度是 25～28℃，pH 在 5～10 时都能生长良好，菌株之间产孢性能、对光照的反应有较大差异。具有广泛性、暴发性与毁灭性。

**（3）绿色防控方法**

①冬季清园。每年 11 月至翌年 2 月，先用修剪刀或锯子对病树进行冬季疏删修剪，剪除病枝、枯枝，再清理地上落叶、落枝，深埋或烧毁，最后进行全树冠、全树盘喷洒石流合剂。根据发病情况每年喷洒石硫合剂 1～3 次，每次间隔 1 个月。

②挖病死株。对因该病引起的严重枯枝死树，要立即挖除，就地烧灰处理，以减少杨梅园的相互传播。

③抢救措施。对中度以上已感病植株，可采用以化学防治为主的综合治疗，包括全树喷雾、树干注药、吊瓶注射、主干涂药、树盘浇药等物理化学方法，但在治疗或康复期间不允许让其结果。经浙江省农业科学院实验室试验，25％咪鲜胺乳油、25％丙环唑乳油、10％苯醚甲环唑水分散粒剂、50％异菌脲悬浮剂（98％原药，德国拜耳公司）5 种农药对该病菌有较好的抑制活性。选择树体开始萌动前期喷药 1 次或 2 次，春梢生长期喷药 2次，夏梢、秋梢生长期喷药 3 次，间隔期 15 天。也可将异菌脲、丙环唑、苯醚甲环唑和咪鲜胺原药，分别配制成 5％异菌脲、2％丙环唑、5％苯醚甲环唑和 5％咪鲜胺，再用 50 毫升自流式注药器包装备用。用直径 5 毫米电钻在主干离地 5～10 厘米处钻一小孔，用刀片将注药管削出一斜面，插入所钻出的小孔，注药过程避免药液外渗。钻干注药处理在每年 2～3 月进行，每树注药剂量为 200 毫升。此外，5 月初和 8 月初分别用 0.1％～0.4％硫酸亚铁溶液于树冠喷雾 1～2 次，效果较好。

**11. 杨梅梢枯病**　杨梅梢枯病是因杨梅树体缺硼引起的生理性病害，在各杨梅产区均有发生。

**(1) 症状**　该病轻者仅在部分枝梢上发生，重者全树出现枯梢，甚至整树死亡。田间症状还表现为叶小，新梢簇生，梢顶落叶枯萎，不结果或很少结果等。病树春梢较正常树迟发生1～2 周，梢短而细弱，梢顶节间缩短，顶芽萎缩，继而停长。此后侧芽大量抽生，形成丛状枝，丛状枝上花芽瘦小。夏秋梢数量多，叶片狭小，至秋季叶片棕褐色，伴随大量脱落。果形小，果汁少，产量低，落花落果严重。重病树成为多年无收的枯萎树。

**(2) 发病规律**　可全树发病，但在半株树或若干枝条上发病者多，也可树冠顶部发病，四周正常。为区别于缺锌的小叶病，常把它称为梢枯病。除坡向朝南、土层浅、不施有机肥、多施过磷酸钙等因子引起该病发生较严重外，还与土壤缺少有效硼含

量、pH、有机质含量少、交换性钙钾含量高及有效磷含量高等
因子有关。

**（3）绿色防控方法**

①土施硼肥。果实采收后，根据树冠、树体大小，每树穴施
50～100 克硼砂加 100～200 克尿素。

②喷施硼肥。花芽萌动前（3 月中旬），剪去丛生枝、枯死
枝，用 0.2％硼砂（或硼酸）加 0.4％尿素的混合液喷施 1～2
次，连续 2～3 年。

③多施有机肥或土杂肥。

④施用磷、钾肥时，配合施入硼肥。

**12. 杨梅肉葱病**　杨梅肉葱病俗称杨梅花、杨梅火、杨梅
虎、畸形果、肉柱分离症、肉柱萎缩病等。浙江杨梅产区的株发
病率达 20％以上，多的达 40％～50％，是杨梅果实上发生率较
高的一种生理性病害。

**（1）症状**　起初发病，在幼果表面破裂，绝大多数肉柱萎缩
而短、细、尖，少数正常发育的肉柱显得长又外凸，状似果实上
的小花，并且失水绽开；或绝大多数肉柱正常发育，而少数肉柱
发育过程中与种核分离而外凸，并且以种核嵌合线上的肉柱分离
为多，成熟后色泽变为焦黄色或淡黄褐色，形态干瘪。随着果实
成熟，裸露的核面褐变，果面蝇虫吮汁，鲜果不能食。

**（2）发病规律**　一般长势过旺的树冠中、下部，或树势过弱
却结果较多的树，或褐斑病发生较多的衰弱树，或土壤有机质缺
少而出现缺硼、缺锌症的树，受害严重，果实常提早脱落；轻度
受害的树，也造成商品性下降。该病在硬核后至果实成熟时，肉
眼最易发现，所以要引起高度重视。

**（3）绿色防控方法**

①加强培育管理，维持中庸树势。树势衰弱树，应在立春和
采果后，及时增施有机肥和钾肥，增强树势和提高树体的抵抗
力；树势健壮树，应在生长季节（5 月 10 日前后），人工疏删树

冠顶部直立或过强的春梢约 1/3，控制使用多效唑，使树冠中下部通风透光。

②多施有机肥和钾肥，满足供应硼、锌等微量元素。

③控梢控果。控制夏梢（结果母枝）15 厘米以下；按叶果比 50：1 疏花疏果，严格控制结果量。

**13. 杨梅裂果病**　发生在杨梅果实上的一种生理性病害。

**（1）症状**　以横裂为主，纵裂为次。有裂果与裂核两种方式。横裂果者以裸露的核为缺口，肉柱向两头断裂成团，且上部肉柱组织松散，下部肉柱组织仍然紧密，外露的核呈褐色；纵裂果者以肉柱左右上下无规则松散开裂，果核大面积外露，失水干枯，是肉柱坏死症（肉葱病）衍发的结果。裂核者以缝合线处开裂占绝大多数，核和核仁变成灰状的干枯果掉落地上，核仁干枯。留树的裂核果比裂果的寿命缩短 15 天以上。有的病果还与肉葱病同时存在。

**（2）发病规律**　一般发病初始于 5 月上旬，5 月中下旬为盛发期。以长势旺的东魁杨梅壮年树发病最多。该病危害后，果实均失去商品价值。

**（3）绿色防控方法**

①加强培育管理，培育中庸树势，加强通风型树冠修剪，重视硬核期后的人工疏果管理。

②叶面喷施磷肥。开花前或开花后，用 1% 的过磷酸钙浸出液（浸 24 小时，并滤去杂质），喷 2~3 次，可促进杨梅种核的发育，裂果（核）率可控制在 5% 以下。

**14. 杨梅小叶病**　因杨梅树体缺锌引起的生理性病害。

**（1）症状**　发病植株从枝条顶端抽生短而细小的丛簇状小枝，一般 8~10 个，多者 15 个，主梢顶部枯焦而死，植株枝梢生长停止期提前。病枝节间缩短，叶数减少，叶片短狭细小，叶面粗糙，叶肉增厚，叶脉凸起，叶柄及主脉局部褐色木栓化或纵裂。嫩叶长期不能转绿，远看焦黄色，重者嫩叶早期焦死。病枝不易形成花芽，即使形成也量少质差，产量锐减。

**（2）发病规律**  多发生在树冠顶部，中下部枝叶生长正常。一般南坡向阳或土层浅的地方，该病发生较严重。

**（3）绿色防控方法**

①喷施硫酸锌。开花抽梢期（3～4月），剪去树冠上部的小叶和枯枝，并喷施 0.2％硫酸锌水溶液。

②土施硫酸锌。早春或秋初，根据树冠、树体大小，在树冠地面浅施硫酸锌每树 25～100 克。

③加强培育管理，土壤切忌偏施、多施磷肥，否则会诱发小叶病的发生。

**15. 杨梅根结线虫病**  主要危害杨梅树根部，致使树体衰弱，新梢纤细，落叶严重，大量枯梢，以及根群变黑、腐烂等症状。

**（1）症状**  早期病树侧根及细根形成大小不一的根结，小如米粒，大如核桃。根结呈现圆形、椭圆形或串珠形，表面光滑，切开根结可见乳白色囊状雌成虫及棕色卵囊；后期根结粗糙，发黑腐烂，病树须根减少或呈须根团，根结量也减少或在根结上再次着生根结；病树根部几乎不见有根瘤菌根。植株生长衰弱，新梢少而纤弱，落叶严重，形成枯梢等典型的衰退症状。

**（2）发病规律**  根结线虫为雌雄异形，幼虫 2 龄时，从根尖侵入，寄生于皮层，然后转入根的中髓。主要以卵及少量雌成虫在根结中越冬。翌年初春大量侵染新生根，刺激根细胞的过度旺长，形成大小不等的根结，呈块状。并因线虫的活动，使共生菌根不能形成或很少形成根瘤。但一般不影响春梢生长，而在夏秋季易见成叶黄化、脱落、梢枯等典型的衰退症状。病区中的病树初期呈核心分布，之后迅速向四周扩展，2～3 年后整个种植区的树发病，中心病株相继死亡。

**（3）绿色防控方法**

①对病树用客土改良根际土壤，施石灰调节土壤 pH，增施

有机肥料（特别是钾肥）增强树体抗性。

②严把苗木检疫关，防止将病原带入新产区。

# 二、虫害

## （一）虫害发生基础

1. **昆虫的形态**　昆虫在动物分类系统中，属于动物界节肢动物门昆虫纲。昆虫种类繁多，形态多样。这种多样性是昆虫长期演化过程中对复杂多变的外界环境相适应的结果。

2. **昆虫的生物学特性**

**（1）昆虫繁殖方式**　大多数昆虫是以两性繁殖后代，即通过雌雄交配，受精卵产出体外后，才能发育成新的个体。但有些昆虫的卵不经过受精就能发育成新的个体，这种繁殖方式称为孤雌生殖。有些昆虫一个时期进行两性生殖，另一个时期却进行孤雌生殖（如蚜虫），这种生殖方式称为周期性孤雌生殖。

**（2）昆虫的个体发育**　昆虫的个体发育分为两个阶段。第一个阶段在卵内进行到孵化为止，称为胚胎发育；第二个阶段是从孵化开始到成虫性成熟为止，称为胚后发育。昆虫胚后发育主要特点是生长伴随着有蜕皮和变态。

**（3）昆虫的变态**　昆虫从卵中孵化后，在生长发育过程中要经过一系列外部形态和内部器官的变化，才能转变为成虫，这种现象称为变态。昆虫的变态常见的有：不全变态和全变态两类。不全变态在发育过程中包括 3 个虫期，即卵—若虫—成虫，属于这一类的主要有半翅目（如盲蝽）、直翅目（如蝗虫）、同翅目（如蚜虫）和缨翅目（如蓟马）。全变态的具有 4 个虫期，即卵—幼虫—蛹—成虫，属于这类变态的昆虫占大多数，主要有鞘翅目（如金龟子）、鳞翅目（如蝶类）、膜翅目（如麦叶蜂）和双翅目（蚊、蝇等）。

**（4）昆虫的世代和生活年史**　昆虫个体发育必须经过从卵到

成虫的各个阶段,人们把昆虫从卵发育至成虫性成熟(能够繁殖产卵止)的这一周期称为一个世代。

生活年史是指一种昆虫在一年内发生的世代数,也就是由当年越冬后成虫所产的卵开始,到第二年越冬结束成虫产卵前为止的一年内的发育史。各种昆虫世代的长短和一年内世代数的多少各不相同,有一年1代、2代、数代,甚至几十代的,也有几年完成一代的。生活年史的基本内容包括越冬虫态和场所,一年发生的世代数,每代各虫态发生的时间和周期,越冬、越夏的时间长短,其发生与寄主植物发育阶段的配合等。因此,了解害虫的生活年史是防治害虫的基础,因为摸清害虫在一年中发生规律,掌握其生活史中的薄弱环节,才能有效地进行防治。

**(5)昆虫的行为** 由于外界环境的刺激和内在生理的要求所引起昆虫的各种反应与活动的综合表现称为昆虫行为。昆虫的重要行为可分为趋性和本能等方面。

①趋性。指昆虫接受外界环境条件刺激的一种反应。对某种外界环境条件的刺激,昆虫表现出非趋即避的反应,趋向刺激物质方向的称为正趋性,而避开刺激物质方向的称为负趋性。按外界环境条件刺激的性质不同可分为趋光性、背光性、趋化性和趋温性等。

②本能。昆虫的本能是一种复杂的神经生理活动,为种内个体所共有的行为。昆虫的本能行为很多,如蜂类能筑巢,鳞翅目中有的老熟幼虫会结茧或筑蛹室等。

**3. 昆虫与环境的关系** 影响昆虫发生期和发生量的主要环境因素有两类,即非生物因素和生物因素。非生物因素主要有气象条件(如温度、湿度、风和光照等,其中,温度、湿度对昆虫的影响尤为显著)、土壤条件等;生物因素中主要是寄主植物和天敌等。

**(1)温度** 温度是气象因素中对昆虫影响最显著因子之一,因为昆虫的生理机能活动直接受环境温度的支配和影响。因此,昆虫对温度有不同程度的需求。

①昆虫对温度的反应。昆虫的生长发育要求一定的温度范围，这个范围称为有效温区，在温带地区一般为 8～40℃。其中有一段对昆虫的生活力和繁殖力最为有利，称为最适温区，一般为 22～30℃。有效温区的下限是昆虫生长发育的起点，称为最低有效温度，一般为 8～15℃，在此点下有一段低温能使昆虫生长发育停止，这段低温称为停育低温区。温度再降低，昆虫因过冷而死亡，称为致死低温区，通常不超过 -15℃。同样，有效温区的上限即最高的有效温度称为临界高温，一般为 35～45℃或更高些。其上也还有一段停育高温区，再上为致死高温区。

此外，昆虫对温度的适应和反应，还因昆虫的科类、虫态、生理状态、温度变化的速度和时间，以及季节差异等不同而不同。

②积温定则。在有效温度范围内，昆虫的发育速度与温度成正比，即温度越高，发育速度越快，其发育所需的天数越少。研究表明，昆虫完成一定发育阶段（虫期、世代）所需的天数与同期内有效温度的乘积是一个常数。称此常数为昆虫的有效积温，这一规律称为积温定则。

**(2) 湿度** 水分是昆虫进行一切生理活动的介质，因此，它对昆虫的生长发育、繁殖和成活率等均有重要影响。一般来说，温度和湿度是相互影响、综合作用于昆虫。

**(3) 食物** 食物是昆虫生存的基本条件。不论是多食性或寡食性昆虫都有它最嗜食的食物种类。在摄取嗜食的食物时，昆虫发育快、死亡率低、生殖力强。即使取食同一植物的不同器官和不同生育阶段对昆虫的影响也不相同。

**(4) 天敌因子** 凡能捕食或寄生于昆虫的动物或使昆虫致病的微生物，都可称为昆虫的天敌。天敌是影响害虫种群数量变动的重要因子。

## （二）主要虫害及防控方法

1. **小粒材小蠹**　小粒材小蠹属鞘翅目小蠹虫科齿小蠹亚科小粒材小蠹属，是杨梅蛀干害虫。雌成虫体长 2.3～2.5 毫米，黑色。雄成虫体长 1.7～2.2 毫米，棕褐色。成虫长圆柱形，体表被稀疏的绒毛。成虫前胸背板长大于宽，前部 2/5 具稀疏的颗粒状瘤和金黄色短毛，后部 3/5 具微弱的刻点。鞘翅长度约为前胸背板长度的 1.7 倍，后部 1/4 呈斜坡形；刻点排列成行，坡面第一和第三沟间刻点呈粒状和具短毛，第二沟间刻点消失和无短毛。

**（1）危害症状**　主要危害杨梅、无花果、苹果、山核桃等果树。盛产树被害后迅速枯死，且呈片状扩散蔓延，危害率达 10% 左右，造成果农巨大的损失。

**（2）发生规律**　一年发生 3～5 代，每年 8～9 月出现，羽化后，两性成虫离开原先生长发育的坑道，在外面或者入侵到新树后进行交配，共同筑造新坑道。坑道不分母坑道与子坑道，只有 1 个穴状的共同坑，深入木质部中，亲代和子代在穴中共同生活。专门危害离地面 50 厘米以内的杨梅主干部以及离地面 20 厘米以内的一级主侧根部。该虫飞行能力弱，爬行慢，有 3 对锋利的挖掘足。利用挖掘足在木质部或韧皮部纵横蛀成黑色的 2～3.5 毫米大小的虫道，树皮外面只发现少量的较细的木屑。全年均可见到成虫，成虫蛀成虫道后，由于虫体带有真菌，在虫道里大量繁殖，开始有一层呈白色的菌丝，后变成黑色。菌丝成为小蠹虫的主食，同时分泌有毒物质，在木质部扩散，使木质部变褐色并发出臭味，此时树体很快死亡。当树体外少量发生木屑时，当年树势明显衰弱，翌年即枯死，死亡率极高。

**（3）绿色防控方法**

①在冬春季对树干进行涂白，或在 8～9 月成虫侵入期对树干喷 48% 乐斯本乳油 1 000 倍液，2～3 周喷 1 次，可预防成虫

的入侵。

②对已受虫害的树干，于每年3月用40％乐斯本乳油＋防水涂料5～10倍涂刷主干受害部，可快速杀死树体主干内的小粒材小蠹，能使受害初期、木质部尚未全部褐变的杨梅树康复。

**2.乌桕黄毒蛾** 乌桕黄毒蛾属鳞翅目毒蛾科，又名角点毒蛾、枇杷毒蛾，幼虫俗称黑毛虫、毒毛虫。幼虫食性杂，主要危害枇杷、乌桕，兼害杨梅等。雄成虫体长9～11毫米，翅展26～38毫米。雌成虫体长13～15毫米，翅展36～42毫米。体表密生橙色绒毛，有褐色斑纹。幼虫长25～30毫米，头黑褐色，亚背线白色，黄褐色，体侧及背上有黑疣突，上有白色毒毛，翻缩腺橘红色。

**(1) 危害症状** 以1～3龄幼虫群集在新梢顶端为害，啃食幼芽、嫩枝和叶片，3龄后分散食害叶片。严重时新梢一片枯焦，如同火烧。

**(2) 发生规律** 在浙江一年发生2代，以3龄幼虫在杨梅叶的背面、树干裂缝和枝杈处越冬。5月化蛹。卵期15天，第一代幼虫在6～7月发生，第二代幼虫在9～10月发生。卵产于叶背，分3～5层排列，叠成卵块，上覆毒毛。幼虫白天孵化，以上午8～9时最盛。初孵幼虫先取食卵壳，后再取食杨梅叶片。1～3龄食害叶背叶肉，留下叶脉与表皮，叶片呈网状、半透明，并变色脱落。幼虫4龄后常吐丝缀叶成团隐蔽其中取食，先取食正面叶肉，再取食全叶。幼虫共分10龄。夏天，幼虫有上午下树避阳、傍晚又上树取食危害的习性。幼虫老熟后在树干基部周围的表土或枯枝落叶下、杂草丛中、树皮裂缝等处结茧化蛹。蛹期10～15天。成虫白天不活动，静伏于树叶或草丛中，晚上出来交配及产卵。成虫有趋光性，寿命2～7天。

**(3) 绿色防控方法**

①采收前（6月上中旬）割去树盘杂草、杂木，捕杀根部附近杂草丛中已化蛹的虫茧。

②初龄幼虫群体危害时，可人工采摘叶片，或带叶剪下，集中烧毁或深埋。

③灯光诱杀。成虫羽化期（6月上旬或9月上旬），利用成虫的趋光习性，用灯光诱杀之，减少下一代虫口。

④涂药毒杀。幼虫期在树干基部涂药环毒杀下树避阳幼虫。

⑤保护寄生蜂、寄生蝇、螳螂、鸟类和狩猎蜘蛛等天敌捕食幼虫，卵期及蛹期不使用农药。

⑥以菌治虫。幼虫期向虫体喷布苏云金杆菌或白僵菌（每毫升含1亿个孢子）。

**3. 绿尾大蚕蛾** 绿尾大蚕蛾属鳞翅目大蚕蛾科，又称绿翅天蚕蛾、水青蛾、长尾月蛾。其为杂食性害虫，可危害苹果、梨、樱桃、葡萄、枣、银杏等植物。在我国分布广泛。成虫体长32～38毫米，翅展100～130毫米。体粗大，体被白色絮状鳞毛。幼虫体长80～100毫米，体黄绿色粗壮、被污白细毛。体节近6角形，着生肉突状毛瘤，毛瘤上具白色刚毛和褐色短刺。胸足褐色，腹足棕褐色，上部具黑横带。

**（1）危害症状** 以幼虫食害叶片，低龄幼虫食害叶片成缺刻或孔洞，稍大便把全叶吃光，仅残留叶柄或粗脉。

**（2）发生规律** 在浙江一年发生2代，以茧中蛹在近土面的树枝或灌木枝干上越冬。翌年5月中旬羽化、交尾、产卵。卵期10余天。第一代幼虫于5月下旬至6月上旬发生，7月中旬化蛹，蛹期10～15天。7月下旬至8月为一代成虫发生期。第二代幼虫8月中旬始发，危害至9月中下旬，陆续结茧化蛹越冬。成虫昼伏夜出，有趋光性，日落后开始活动，21～23时最活跃，飞翔力强。卵喜产在叶背或枝干上，有时雌蛾跌落树下，把卵产在土块或草上，常数粒或偶见数十粒产在一起，成堆或排开，每雌成虫可产卵200～300粒。成虫寿命7～12天。初孵幼虫群集取食，2龄、3龄后分散，取食时先把1叶吃完再危害邻叶，残留叶柄，幼虫行动迟缓，食量大，每头幼虫可食100多片叶子。

幼虫老熟后于枝上贴叶吐丝结茧化蛹。第二代幼虫老熟后下树，附在树干或其他植物上吐丝结茧化蛹越冬。

**(3) 绿色防控方法**

①5月下旬至8月中旬经常巡视果园，人工捕捉幼虫。

②秋后至发芽前清除落叶、杂草，并摘除树上虫茧，集中处理。

③在成虫羽化盛期，可利用其趋光性强的习性，用黑光灯诱杀成虫。

**4. 黑翅土白蚁** 黑翅土白蚁属等翅目白蚁科，系杂食性害虫。白蚁是社群性昆虫，有蚁后（雌蚁）、蚁王（雄蚁）、兵蚁和工蚁之分。工蚁是蚁巢中的劳动者。工蚁体长10～12毫米，翅长20～30毫米，黑褐色；蚁后体肥大，长50～60毫米，专门产卵。兵蚁的头较阔，宽为1.15毫米以上，上颚近圆形，左右各有一齿，以左齿较强且明显。

**(1) 危害症状** 大多以啃食树势衰弱的杨梅树的主干和根部，并筑起泥道，沿树干通往树梢，损伤韧皮部和木质部，使树体的水分和营养物质运输受阻，致使地上部的枝叶脱落黄萎。如果木质部受害，则全树枯死。

**(2) 发生规律** 每年4～10月是白蚁的活动危害期，当气温达到20℃以上时，白蚁就外出觅食危害。5～6月有翅白蚁繁殖分飞，交配或分巢。11月至翌年3月为越冬期。

在老的巢群中，每年都能形成一定数量的有翅白蚁成虫。这些有翅白蚁成虫在一定时间后便在雨后、黄昏时，分别自老巢中集群飞出，而后雌雄结合觅地，形成新的巢群，进行分群，即行交尾、筑巢和产卵。蚁后产卵量惊人，常年产卵量在100万粒左右。

**(3) 绿色防控方法**

①及时清除果园边沿杂木，挖去树桩及死树，以减少蚁源，降低危害率。

②点灯诱杀。有翅白蚁有趋光性，在5～6月闷热天气或雨

后的傍晚，待有翅白蚁成虫飞出巢时，点灯（黑光灯）诱杀。

③扑灭蚁巢。白蚁越冬期，找到通向蚁巢的主道后，用人工挖巢法、向巢内灌水法或压杀虫烟法整巢消灭，通常以压杀虫烟法效果最好。

④人工诱杀。常年 4～10 月，在白蚁危害区域，每隔 4～5 米定 1 点，先除去山地地表杂草、树木的树根，挖深、长、宽分别为 10 厘米、40 厘米和 30 厘米的浅穴，再放上新鲜的狼萁等嫩草和松树针叶，其上压土块或石块，以后隔 3～4 天检查 1 次，如发现白蚁群集，立即用白蚁粉喷洒，集中灭蚁。也可用甘蔗粉拌白蚁粉，用薄纸包成小包，放在杨梅树蔸边，上盖薄膜，再盖上嫩柴草，引诱白蚁取食。还可寻找危害杨梅树上蚁道，发现白蚁后即喷少量白蚁粉，使其带毒返巢，共染而死。白蚁粉的配制：一种是亚吡酸 46％、水杨酸 22％和滑石粉 32％；另一种是亚吡酸 80％、水杨酸 15％和氧化铁 5％。

⑤拒避白蚁。利用天王星有多年的药效，将杨梅的根基泥土耙开，浇上 2.5％天王星乳油 600 倍液加 1％红糖的药液，每株约浇液 15 千克，然后盖土。

⑥将配好的白蚁粉装入洗耳球或喷粉胶囊中，对准蚁路、蚁巢及白蚁喷撒。也可直接用亚吡酸、水杨酸或灭蚁灵对准蚁路、蚁巢喷杀。白蚁严重的果园，在白蚁活动期用白蚁粉诱杀或用 40.7％毒死蜱乳油 20～40 倍拌土毒杀。根据白蚁相互吮舐的习性，使其导致整巢白蚁死亡。

**5. 铜绿丽金龟**　铜绿丽金龟属鞘翅目金龟总科。该虫种类多，其他危害杨梅的还有中缘丽金龟、斑缘丽金龟和大绿金龟等。它们食性杂、食量大，除危害杨梅外，还可危害柑橘、苹果、柿、梨、板栗、桃、梅、李、杏、葡萄等。成虫体长 16～22 毫米，宽 8～12 毫米。体色铜绿，有光泽，体长卵圆形，背腹扁圆。头、前胸背板色泽明显较深。鞘翅色较淡而泛铜黄色。鞘翅密布刻点，背面有 2 条纵肋，边缘有膜质饰边。幼虫体长

30~33毫米,头部前顶毛每侧各8根,后顶毛10~14根,臀节腹面具刺毛2列,每列由13~14根刺组成。

**(1) 危害症状** 以成虫危害杨梅春梢、夏梢嫩叶和果实,幼虫(称蛴螬)危害杨梅苗木,咬断致死。

**(2) 发生规律** 浙江一年发生1代,以3龄幼虫在土中越冬。翌年4月初越冬幼虫上升到表土层取食危害,5月上旬于15~20厘米深表土层内化蛹,5月中旬成虫羽化,羽化不整齐,6月中旬至7月中旬是成虫的危害盛期。成虫有较强的趋光性、假死性和极强的群集性。白天一般潜伏在地上或柴草中,黄昏飞至树冠上整夜取食或交尾,以闷热无雨、无风的夜晚活动最盛,翌日凌晨开始飞离树冠。阴雨天气部分成虫也能在白天活动。一般日照偏少的杨梅园,或有高大树种遮阳的混栽园危害较重。成虫一生可多次交尾,卵散产于土下5~6厘米处,每头雌成虫一生产卵约40粒,平均寿命约1个月。卵约10天孵化,幼虫在表土层中危害苗木根茎或块根,10月后老熟幼虫钻入20~30厘米深处土中作土室越冬。

**(3) 绿色防控方法**

①冬翻杨梅园土,冻死幼虫。

②施用充分腐熟的堆肥或厩肥,防止果园或苗圃地成虫产卵。

③可利用黑光灯、糖醋液诱杀或利用其假死性人工捕杀成虫。

④保护和利用可网捕成虫的圆蛛蜘蛛等。

⑤保护和利用可寄生金龟子幼虫的追寄蝇、撒寄蝇、赛寄蝇等。

**6. 黑刺粉虱** 黑刺粉虱属同翅目粉虱科。系杂食性害虫,可危害桑、茶、杨梅、李、柿、柑橘等植物。雌成虫体长0.9~1.3毫米,头胸部暗褐色,覆白色蜡粉。初产时乳白色,渐变为淡黄色,孵化前为黑色。幼虫分3龄。初孵时扁圆形,无色透明,后渐变为灰色至黑色,有光泽,并在虫体周围分泌1圈白色的蜡质,体背上有黄色刺毛4根。2龄幼虫为黄黑色,体背有6对刺毛。3龄幼虫体长约0.7毫米,深黑色,体背上有刺毛14

对，虫体周围的白色蜡质增多。

**（1）危害症状**　以幼虫群集在叶片背面吸取汁液，严重时每叶近百头，常分泌大量蜜露等排泄物，从而诱发煤烟病，影响光合作用。导致枝枯叶落，树势衰退，产量下降。

**（2）发生规律**　在浙江一年发生4代，世代不整齐，以2～3龄幼虫在叶背越冬。一般3月中旬化蛹，3月下旬至4月越冬代蛹大量羽化为成虫，随即产卵。在4～11月，各虫态发育重叠。第一、第二、第三和第四代的1～2龄幼虫盛发期在4～5月，6月中旬至7月中旬，8月中旬至9月中旬和10月下旬至11月。初羽化的成虫，喜在树冠较阴暗的环境中活动，尤其喜欢幼嫩枝叶。每头雌成虫可产卵10～100余粒，多产在叶背上。卵散生或聚生。

**（3）绿色防控方法**

①剪去生长衰弱和过密的枝梢，使杨梅树通风透光良好，降低发生基数。

②收集已被座壳孢菌寄生的杨梅粉虱叶片，捣烂后对水成孢子悬浮液，喷洒树冠，重点喷洒叶背。

# 三、果品的安全防控

## （一）禁用农药及常用农药

**1. 杨梅生产上禁用的农药品种**　《中华人民共和国食品安全法》第49条规定："禁止将剧毒、高毒农药用于蔬菜、瓜果、茶叶和中草药材等国家规定的农作物"；第123条规定："违法使用剧毒、高毒农药的，除依照有关法律、法规规定给予处罚外，可以由公安机关依照规定给予拘留"。根据相关法规，杨梅生产上禁止使用和限制使用的农药名录如下：

六六六、滴滴涕、毒杀芬、狄氏剂、艾氏剂、汞制剂、砷制剂、铅制剂、克百威、涕灭威、杀虫脒、甲胺磷、久效磷、对硫磷、甲基对硫磷、磷胺、甲拌磷、甲基异硫磷、特丁硫磷、甲基硫环磷、治螟磷、内吸磷、地虫硫磷、蝇毒磷、苯线磷、灭线磷、氧乐果、敌枯双、甘氟、毒鼠强、氟乙酰胺、氟乙酸钠、毒鼠硅、硫环磷、氯唑磷、水胺硫磷、灭多威、硫线磷、氟虫腈、磷化钙、磷化镁、磷化锌、二溴乙烷、二溴氯丙烷、除草醚、氯磺隆、甲磺隆、胺苯磺隆单剂、福美胂、福美甲胂、百草枯水剂、杀扑磷。

**2. 杨梅生产上农药最大残留限量**（GB 2763—2016）

**（1）限量登记作物** 水果。

农药名称：保棉磷，限量：1毫克/千克。

**（2）限量登记作物** 热带和亚热带水果。

农药名称：地虫硫磷、对硫磷、甲拌磷、氯唑磷、杀虫脒、特丁硫磷、治螟磷、灭蚁灵、七氯，限量：0.01毫克/千克。农药名称：苯线磷、氟虫腈、甲基对硫磷、克百威、硫线磷、灭线磷、内吸磷、涕灭威、氧乐果、狄氏剂、氯丹，限量：0.02毫克/千克。农药名称：久效磷、硫环磷，限量：0.03毫克/千克。农药名称：倍硫磷、甲胺磷、磷胺、杀扑磷、水胺硫磷、辛硫磷、蝇毒磷、艾氏剂、滴滴涕、六六六、异狄氏剂，限量：0.05毫克/千克。农药名称：草甘膦，限量：0.1毫克/千克。农药名称：敌百虫、敌敌畏、灭多威、氰戊菊酯、S-氰戊菊酯，限量：0.2毫克/千克。农药名称：乙酰甲胺磷，限量：0.5毫克/千克。农药名称：啶虫脒、氯菊酯，限量：2毫克/千克。农药名称：甲氰菊酯，限量：5毫克/千克。农药名称：甲基异柳磷，临时限量：0.01毫克/千克。农药名称：甲基硫环磷，临时限量：0.03毫克/千克。农药名称：毒杀芬，临时限量：0.05毫克/千克。农药名称：杀螟硫磷，临时限量：0.5毫克/千克。

**3. 杨梅生产上推荐使用的农药清单**

①8%对氯苯氧乙酸钠盐可溶性粉剂375毫克/千克或稀释3 000倍液，采收前15天喷雾，防杨梅落果；每季使用最多1

次，安全间隔期 15 天。

②33.5％喹啉铜悬浮剂（杨梅上登记用药）1 000～2 000 倍液，春梢嫩期或者采果后喷施，防治杨梅褐斑病；每季使用最多 1 次，安全间隔期 30 天。

③3～5 波美度石硫合剂，在冬季清园时喷施，防治杨梅褐斑病；早期刮除病斑后涂抹并清除病死枝，防治杨梅干枯病；每季使用最多 1 次，安全间隔期 30 天。

④0.1％阿维菌素浓饵剂（杨梅上登记用药）180～270 毫升/亩，在果实硬核期至成熟期，稀释 2～3 倍后装入诱集罐，20 罐/亩，防治杨梅果蝇；每季使用最多 1 次。

⑤60 克/升乙基多杀菌素悬浮剂（杨梅上登记用药）1 500～2 500倍液，在果实硬核期至成熟期前 15 天喷雾，防治杨梅果蝇；每季使用最多 1 次，安全间隔期 15 天。

⑥35％氯虫苯甲酰胺水分散粒剂 17 500～25 000 倍液，在 4～5 月幼虫发生初期喷雾，防治杨梅尺蠖、蓑蛾类；每季使用最多 1 次，安全间隔期 30 天。

⑦10％抑霉唑水乳剂 500～700 倍液，在杨梅果实硬核着色期与进入成熟期之间喷雾，防治杨梅白腐病；每季使用最多 1 次，安全间隔期 15 天。

⑧250 克/升嘧菌酯悬浮剂 3 500～5 000 倍液，在杨梅果实硬核着色期与进入成熟期之间喷雾，防治杨梅白腐病；每季使用最多 1 次，安全间隔期 15 天。

⑨250 克/升吡唑醚菌酯乳油 1 000～2 000 倍液，在杨梅果实硬核着色期与进入成熟期之间喷雾，防治杨梅白腐病；每季使用最多 2 次，安全间隔期 15 天。

⑩95％矿物油乳油（杨梅上登记用药）50～60 倍液，于 7～8 月第二代介壳虫发生初期或冬季清园时喷雾，防治杨梅介壳虫；每季使用最多 1 次，安全间隔期 30 天。

⑪30％松脂酸钠水乳剂（杨梅上登记用药）300 倍液，或

20%松脂酸钠可溶粉剂200～300倍液，于7～8月第二代介壳虫发生初期或冬季清园时喷雾（高温季节应于早晨或傍晚避开高温时间使用，并提高稀释倍数），防治杨梅介壳虫；每季使用最多1次，安全间隔期30天。

⑫65%噻嗪酮可湿性粉剂（杨梅上登记用药）2 500～3 000倍液，于7～8月第二代介壳虫发生初期或冬季清园时喷雾（高温季节应于早晨或傍晚避开高温时间使用，并提高稀释倍数），防治杨梅介壳虫；每季使用最多1次，安全间隔期30天。

## （二）农药使用准则

### 1. 杨梅园常用农药的剂型和特点

**（1）可湿性粉剂**　可湿性粉剂是用农药原药、惰性填料和一定量的助剂，按比例经充分混合粉碎后，达到一定粉粒细度的剂型。从形状上看，与粉剂无区别，但是由于加入了湿润剂、分散剂等助剂，加到水中后能被水湿润、分散，形成悬浮液，可喷洒施用。与乳油相比，可湿性粉剂生产成本低，可用纸袋或塑料袋包装，储运方便、安全，包装材料比较容易处理；更重要的是，可湿性粉剂不使用溶剂和乳化剂，对植物较安全，在果实套袋前使用，可避免有机溶剂对果面的刺激。常用的药剂有：65%噻嗪酮可湿性粉剂等。

**（2）粉剂**　粉剂应用的历史最久，在中华人民共和国成立初期，粉剂是农药制剂中产量最多、应用最广泛的一种剂型。粉剂容易制造和使用，用原药和惰性填料按一定比例混合、粉碎，使粉粒细度达到一定标准。粉剂在干旱地区或山地水源困难地区深受群众欢迎，因它使用方便，不需用水，用简单的喷粉器就可直接喷撒于作物上，而且工效高，在作物上的黏附力小，残留较少，不易产生药害。除直接用于喷粉外，还可拌种、土壤处理、配制毒饵粒剂等防治病、虫、杂草、鼠害。目前应用品种已较少。

（3）**水分散颗粒剂**　水分散颗粒剂是将固体农药原药与湿润剂、分散剂、增稠剂等助剂和填料混合加工而成，遇水迅速分散为悬浮剂。水分散颗粒剂具有流动性好、使用方便、贮藏稳定性好、有效成分含量高等特点，兼有可湿性粉剂和悬浮剂的优点。水分散颗粒剂的有效成分一般为 50%～90%，例如，35%氯虫苯甲酰胺水分散粒剂等。

（4）**悬浮剂**　悬浮剂又叫胶悬剂。局部溶于水的固体农药原粉加表面活性剂，以水为介质，利用湿法进行超微粉碎制成的黏稠可流动的悬浮液。与可湿性粉剂相比，它具有粉粒直径小、无粉尘污染、渗透力强、药效高等特点，兼有可湿性粉剂和乳油两种剂型的优点，能与水混合使用。但胶悬剂在长时间存放后，由于悬浮粒的下沉，可能出现沉淀现象，使用时必须充分摇动，使下部的药粒重新悬浮起来，以保证药效，例如 33.5%喹啉铜悬浮剂量、60 克/升乙基多杀菌素悬浮剂、250 克/升嘧菌酯悬浮剂等。

（5）**乳油**　乳油是由不溶于水的原药、有机溶剂苯、二甲苯等和乳化剂配置加工而成的透明状液体，常温下可密封存放 2 年，一般不会浑浊、分层和沉淀，加入水中迅速、均匀分散成不透明的乳状液。制作乳油使用的有机溶剂属于易燃品，储运过程中应注意安全。乳油的特点是：药效高，施用方便，性质较稳定。由于乳油生产的历史较长，具有成熟的加工技术，所以品种多，产量大，应用范围广，是目前我国农药的一个主要剂型。乳油的有效成分含量一般为 20%～90%。常用的药剂有：250 克/升吡唑醚菌酯乳油、95%矿物油乳油等。

（6）**水剂**　凡能溶于水、在水中又不分解的农药，均可配制成水剂。水剂是农药原药的水溶液，药剂以离子或分子状态均匀分散在水中，药剂的浓度取决于原药的水溶解度，一般情况是其最大溶解度，使用时再对水稀释。水剂与乳油相比，不需要有机溶剂，加适量表面活性剂即可喷雾使用，对环境的污染小，制造工艺简单，药效也很好，是以后应该发展的一个剂型。

（7）**水乳剂** 水乳剂由不溶于水的农药原药、乳化剂、分散剂、稳定剂、增稠剂、助溶剂及水经匀化工艺制成，是水包油型乳剂，外观不透明，油珠直径 0.2～2 微米。与乳油相比，具有节约溶剂、对环境污染小的优点，药效与乳油相当，是一种有发展前景的新剂型。该制剂加水稀释后使用。常用的药剂有：10％抑霉唑水乳剂、30％松脂酸钠水乳剂等。

## 2. 杨梅园用药基本原则

（1）**对症下药** 每一种农药都具有一定的特性和防治范围，必须根据防治对象选定有防治效果的农药，做到有的放矢、对症下药。农药种类很多，农药防治的对象更复杂，在施药之前，必须弄清楚防治对象，树情、树龄，还要考虑到保护有益生物，然后选择合适的药剂对症下药。如杀虫剂中的胃毒剂防治咀嚼式口器害虫有效，防治刺吸式口器害虫无效；杀螨剂中有的专杀成螨，不杀幼、若螨，而有的专杀幼、若螨，却不杀成螨；冬季清园与春防、夏控、秋防也不相同。

在防治保护地病虫害时，根据天气状况灵活选用不同剂型的农药，晴天可选用乳油剂、可湿性粉剂、胶悬剂等喷雾，阴天要选用烟熏剂、粉尘剂熏烟或喷洒，不增加棚内湿度，减少叶露及叶缘吐水，对控制低温高湿病害有明显效果。对症下药，必须正确认识农药的效能。即使是广谱性农药，也不是万能药，不要认为对害虫会"一扫光"。在杨梅园可发生多种病虫害，需要有针对性地选用不同的农药品种，分别防治或混合防治。因此，掌握各种农药性能，了解防治对象发生特点是对症下药的先决条件。

（2）**适时施药** 适时施药是经济有效的防治病、虫、杂草的关键。要做到适时施药，必须首先了解病虫草的发生和发展情况，掌握其发生规律，抓住最容易杀伤的发育阶段和薄弱环节进行施药防治，粉虱、介壳虫类适在盛孵期防治，螨类宜在若螨期防治。对于害虫一般应掌握在低龄幼虫时施药防治，特别是 3 龄以前的幼虫抵抗力为最低。不同的农药具有不同的性能，防治适期也不一样。生物农药作用较慢，使用时间应比化学农药提前 2～3 天。

适时施药，还要考虑病虫害的防治指标及杨梅果园气候条件，按"二查二定"规则，达到保护农作物正常性发育和科学用药的有效时机。"二查二定"规则即：查防治对象的发生数量，定是否需要化学防治；查防治对象的发育阶段，定防治适期。农药在一天中的施药适期，要根据农药的剂型和用药方法，确定适宜的用药时间，例如：早晨露水未干前，适合施用喷撒粉剂农药；对水喷雾农药，适宜在露水干后喷洒，高温、大雨和阴雨天都不适合施药；雨天、下雨前、大风天气或高温时（30℃以上）不要喷药。

**（3）轮换用药**　对一种防治对象如果长期反复使用一种农药，很容易使防治对象对这种农药产生抗药性。因此，要注意交替轮换使用不同作用机制的农药，以利于保持药剂的防治效果和使用年限。果树生长前期以高效低毒的化学农药和生物农药混用或交替使用为主，生长后期以生物农药为主。

**（4）选择正确喷药点或部位**　施药时根据不同时期不同病虫害的发生特点确定植株不同部位为靶标，进行针对性施药，达到及时控制病虫害发生，减少病源和压低虫口数的目的，从而减少用药。例如，霜霉病的发生是由植株下部开始向上发展的，早期防治霜霉病的重点在植株下部，可以减轻病原对植株上部的传播。蚜虫、白粉虱等害虫易栖息在幼嫩叶子的背面，因此喷药时必须均匀，喷头向上，重点喷叶背面。

**（5）合理用药**　科学地使用农药剂量、浓度、用药次数和用药技术，是防治果树受药害，减少残留污染和杀伤天敌，降低害虫抗药性的形成，增加防治效果，减少防治成本。

合理用药，要根据农药的性质，有效含量和使用技术要求用药。配制农药要使用计量工具，严格控制使用浓度和稀释倍数，防止在配药时随便倒和随手抓的错误做法，盲目增加用药量或用药浓度，不仅浪费农药，还容易带来一系列副作用。

采用混合用药方法，可达到一次施药控制多种病虫危害的目的。但农药混配要以保持原药有效成分或有增效作用，不增加对人畜的毒性并具有良好的物理性状为前提。一般各中性农药之间可以混用；中性农药与酸性农药可以混用；酸性农药之间可以混用；碱性农药不能随便与其他农药混用；微生物杀虫剂（如 Bt）不能同杀菌剂及内吸性强的农药混用；混合农药应随混随用。在使用混配有化学农药的各种生物源农药时，所混配的化学农药只能是允许限定使用的化学农药。混合用农药，必须执行其中残留性最大的有效成分的安全间隔期。

（6）**不随意加大用药量和喷药次数**　农药安全使用准则和安全果品生产标准中规定了每种农药在不同果树、不同时期的用药量、用药次数、最大允许残留量和安全间隔期，在实际生产中必须严格执行，彻底改变随意加大用药量和喷药次数的落后习惯。果树喷药后一定要农药降解到过了农药残效期，方可收获上市。多次采摘的果树，必须做到先采收后喷药，以保证消费者的身体健康。

**3. 杨梅园农药的使用方法**　根据目前农药加工的剂型种类，在杨梅园病虫害防治上常用的施药方法有 9 种。

（1）**喷粉法**　喷粉是利用机械所产生的风力将低浓度或用于细土稀释好的农药粉剂吹送到杨梅树表面，它是农药使用中比较简单的方法。喷粉法的优点是操作方便，工具比较简单；工作效率高；不需用水，不受水源的限制；对杨梅树一般不易产生药害。

喷粉法的缺点是药粉易被风吹失和被雨水冲刷，缩短了药剂的持效期，降低了防治效果；单位耗药量要多些，在经济上不如喷雾法节省。

（2）**喷雾法**　将乳油、乳粉、胶悬剂、可溶性粉剂、水剂和可湿性粉剂等农药制剂，加入一定量的水混合调制后，制成均匀的乳状液、溶液和悬浮液等，利用喷雾器使药液形成微小的雾滴。20世纪50年代前，主要采用大容量喷雾，每亩每次喷药液量大于50千克，但近10多年来喷雾技术发展较快，主要是超低容量喷雾技术在农业生产上得到推广应用后，喷药液量便向低容量趋势发展，每次喷施药液量只需1~2千克。

**（3）种子处理法**　种子处理有拌种、浸种和闷种等方法。

①拌种法。拌种是用一种定量的药剂和定量的种子，同时装在拌种器内，搅动拌和，使每粒种子都能均匀地附着一层药粉，在播种后药剂就能逐渐发挥防御病菌或害虫危害的效力。拌过的种子，一般需要闷上1~2天后，使种子尽量多吸收一些药剂，这样会提高防病杀虫的效果。

②浸种法。把种子或种苗浸在一定浓度的药液里，经过一定的时间使种子或幼苗吸收了药剂，以防治被处理种子内外和种苗上的病菌或苗期虫害。

③闷种法。杀虫剂和杀菌剂混合闷种防病治虫，可达到既防病又杀虫的效果。

**（4）土壤处理法**　用药剂撒在土面上，随后翻耕入土，或用药剂在杨梅树根部开沟撒施或灌浇，以杀死或抑制土壤中的病虫害。

**（5）熏烟法**　利用烟剂农药产生的烟来防治有害生物的施药方法。烟是悬浮在空气中的极细的固体微粒，其重要特点是能在空间自行扩散，在气流的扰动下，能扩散到更大的空间中和很远的距离，沉降缓慢，药粒可沉积在靶体的各个部位，因而防效较好。熏烟法主要应用在封闭的小环境中，如仓库、房舍、温室、塑料大棚以及大片杨梅果园。

**（6）烟雾法**　把农药的油溶液分散成为烟雾状态的施药方法。烟雾法必须利用专用的机具才能把油状农药分散成烟雾状态。烟雾一般是指直径为0.1~10微米的微粒在空气中的分散体系。微粒若固体称为烟，若液体称为雾。烟是液体微滴中的溶剂蒸发后留下的固体药粒。由于烟雾的粒子很小，在空气中悬浮的时间较长，沉积分布均匀，防效高于一般的喷雾法和喷粉法。

**(7) 施粒法**　指抛撒颗粒状农药的施药方法。粒剂的颗粒粗大，撒施时受气流的影响很小，容易落地而且基本上不发生飘移现象，特别适用于地面、土壤施药。撒施可采用多种方法，如徒手抛撒（低毒药剂）、人力操作的撒粒器抛撒、机动撒粒机抛撒。

**(8) 覆膜施药法**　在果树坐果时，喷一层覆膜药剂，使果面上覆盖一层薄膜，以防止发生病虫害。现在已有覆膜剂商品出售。

**(9) 挂网施药法**　用纤维线绳编织成网状物，浸渍在欲使用的高浓度的药剂中，然后张挂在欲防治的果树上，以防治果树上的害虫。这种施药方法可以达到延长药效期，减少施药次数，减少用药量。

乌梅类

红梅类

粉红梅类

白梅类

早　佳

早大梅

早荠蜜梅

早　色

丁岙梅

桐子梅

荸荠种

黑晶（双果）

深红种

水晶种

乌紫杨梅

东魁（多果）

晚荠蜜梅　　　　　　　　　　　　晚稻杨梅

大枝修剪矮化杨梅成年结果树树体　　　　高接换种

点穴状施肥　　　　　　　　　　　　环沟状施肥

罗幔(帐)栽培

罗幔(帐)栽培

避雨栽培

大棚栽培

杨梅癌肿病在小枝上的肿瘤症状

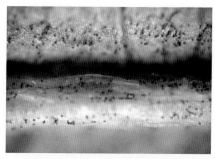

杨梅锈病在枝干上的锈斑症状

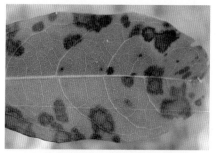

受杨梅褐斑病危害的叶片症状

受杨梅干枯病危害的枝干槽裂症状

受杨梅枝腐病危害的枝条后期症状

受杨梅根腐病危害的根部腐烂症状

受杨梅根腐病危害后的植株（地上部症状）

杨梅赤衣病危害后的枝干处覆有粉红色的霉层

杨梅梢枯病危害后的丛簇状小枝，顶部叶枯

杨梅炭疽病症状（叶背受害）

受杨梅肉葱病危害的果实后期症状

受杨梅白腐病危害的病果上的白色霉状物

杨梅裂果病症状

杨梅小叶病病枝顶端抽生短而细小的丛簇状小枝

杨梅根结线虫病症状

杨梅凋萎病室内接种后的枝叶症状

受杨梅凋萎病危害后的枝条症状

小粒材小蠹危害树干后的虫孔与虫粪

乌桕黄毒蛾幼虫

绿尾大蚕蛾幼虫

绿尾大蚕蛾成虫

黑翅土白蚁蚁道

铜绿丽金龟

黑刺粉虱雌成虫